もくじ

教育出版版
小学算数
5年　準拠

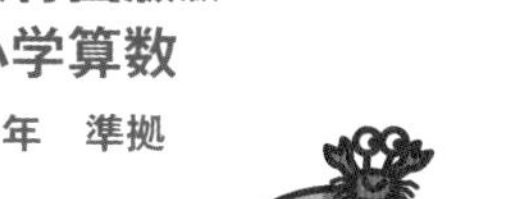

月　日

1　整数と小数

／100点

1 □にあてはまる数を書きましょう。　　□1つ5〔20点〕

25.08＝10×□＋1×□＋0.1×□＋0.01×□

2 下の□に、[2]、[3]、[5]、[7]、[8]の数字を1回ずつあてはめて、いちばん大きい数といちばん小さい数をつくりましょう。　　1つ5〔10点〕

□□.□□□

いちばん大きい数（　　　）　いちばん小さい数（　　　）

3 28.7を10倍、100倍、1000倍、$\frac{1}{10}$、$\frac{1}{100}$、$\frac{1}{1000}$にした数を書きましょう。　　1つ7〔42点〕

❶ 10倍した数（　　　）　❷ 100倍した数（　　　）

❸ 1000倍した数（　　　）　❹ $\frac{1}{10}$にした数（　　　）

❺ $\frac{1}{100}$にした数（　　　）　❻ $\frac{1}{1000}$にした数（　　　）

4 次の数は、それぞれ54.6を何倍した数でしょうか。または何分の1にした数でしょうか。　　1つ7〔28点〕

❶ 546（　　　）　❷ 5.46（　　　）

❸ 0.546（　　　）　❹ 5460（　　　）

答えは65ページ

月　　日

1　整数と小数

／100点

1 □にあてはまる数を書きましょう。　□1つ6〔54点〕

❶ $0.874=1\times\square+0.1\times\square+0.01\times\square+0.001\times\square$

❷ $32.196=\square\times3+\square\times2+\square\times1+\square\times9+\square\times6$

2 2、4、6、8 の数字と小数点を使って、いちばん大きい数といちばん小さい数をつくりましょう。　1つ5〔10点〕

いちばん大きい数（　　　）　いちばん小さい数（　　　）

3 次の数を書きましょう。　1つ6〔36点〕

❶ 5.24 の 10 倍の数（　　　）

❷ 0.58 の 100 倍の数（　　　）

❸ 32 の $\frac{1}{10}$ の数（　　　）

❹ 45.6 の $\frac{1}{100}$ の数（　　　）

❺ 1.57 の 1000 倍の数（　　　）

❻ 856.2 の $\frac{1}{1000}$ の数（　　　）

答えは 65ページ

2　体積

(体積 ①)

／100点

1 Ｉ辺がＩcm の立方体の積み木で、次のような立体を作りました。体積は何 cm^3 でしょうか。　1つ10〔30点〕

❶ 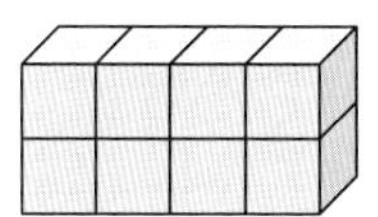　(　　　)

❷ 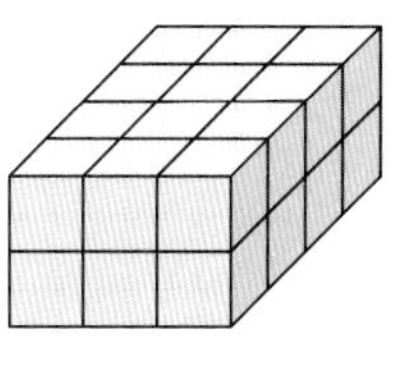　(　　　)

❸ 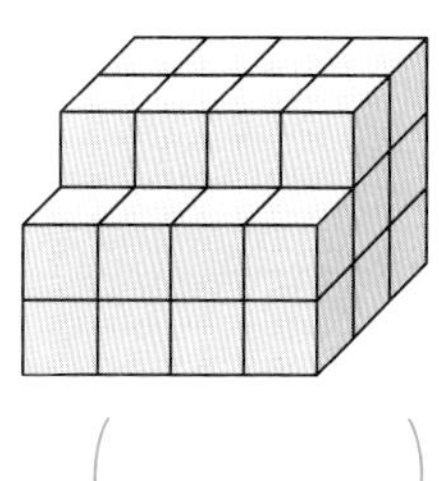　(　　　)

2 次のような立体の体積は何 cm^3 でしょうか。　1つ15〔30点〕

❶ 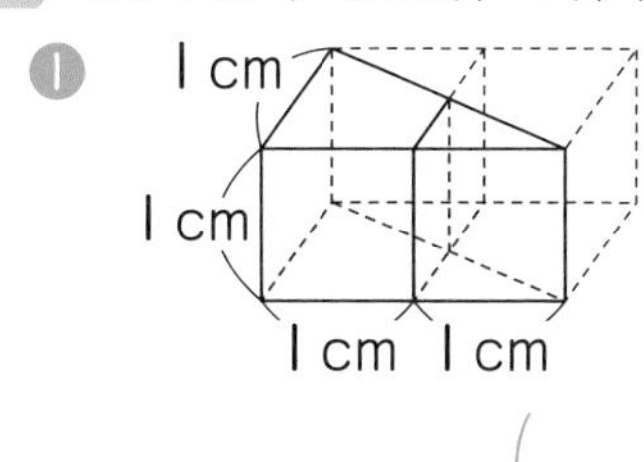

(　　　)

❷ 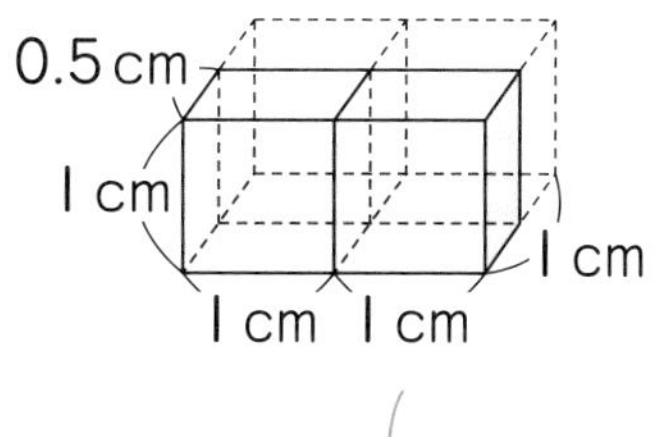

(　　　)

3 次のような立方体や直方体の体積を求めましょう。　1つ10〔40点〕

❶ 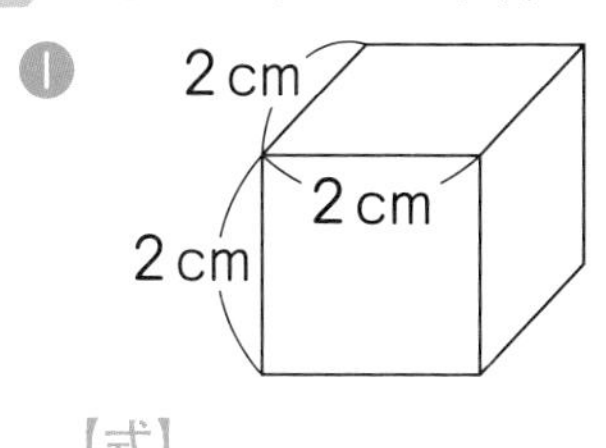

【式】

答え(　　　)

❷ 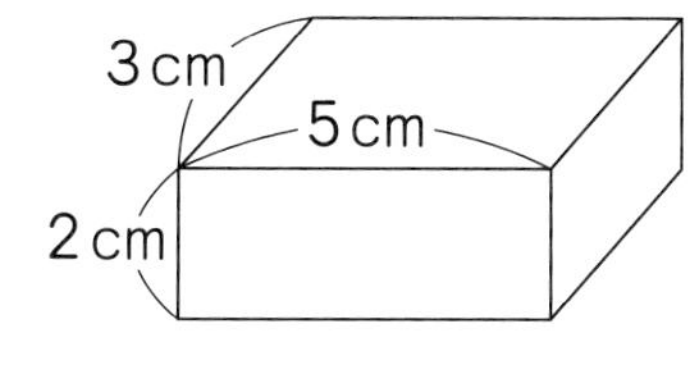

【式】

答え(　　　)

答えは
65ページ

月　　日

2　体積
(体積 ①)

／100点

1 次のような直方体や立方体の体積を求めましょう。　1つ10〔80点〕

❶

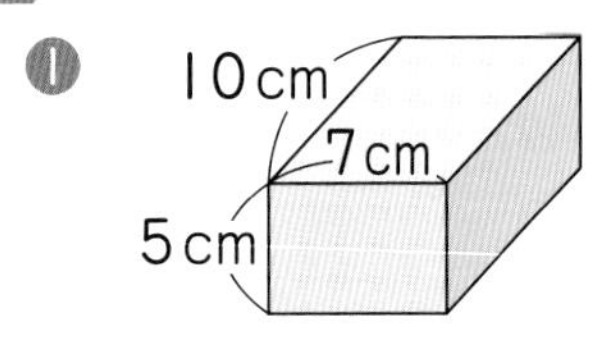

【式】

答え（　　　　　）

❷

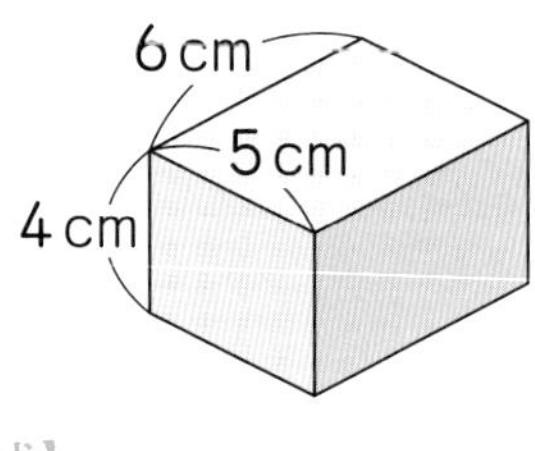

【式】

答え（　　　　　）

❸ 1辺が 9cm の立方体

【式】

答え（　　　　　）

❹ たて 5cm、横 8cm、高さ 6cm の直方体

【式】

答え（　　　　　）

2 右の直方体の体積は、1辺が 6cm の立方体の体積と同じです。この直方体のたての長さを求めましょう。　1つ10〔20点〕

9cm
3cm

【式】

答え（　　　　　）

答えは
65ページ

月　　日

2　体積

(体積 ②)

／100点

1 次のような立方体や直方体の体積を求めましょう。　1つ10〔40点〕

❶

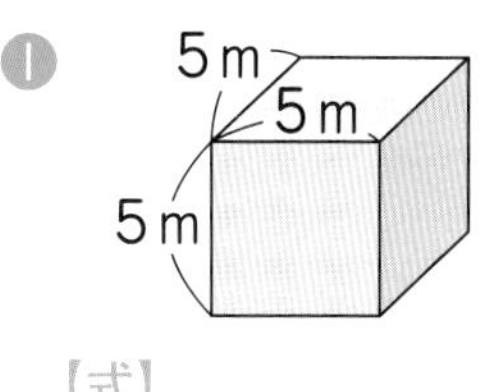

【式】

答え（　　　　）

❷

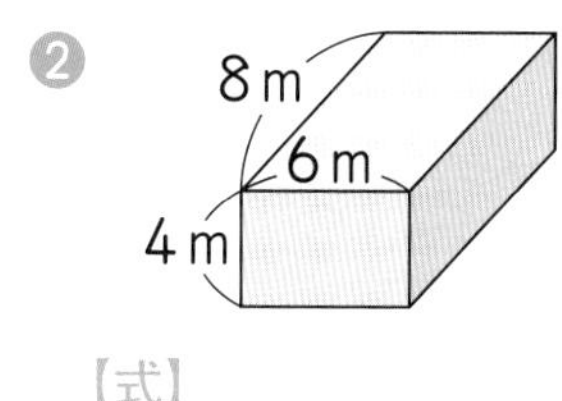

【式】

答え（　　　　）

2 右のような直方体の形をした入れ物があります。この入れ物の容積(ようせき)は何cm^3でしょうか。　1つ10〔20点〕

6cm
9cm
4cm
7cm
5cm
6cm

【式】

答え（　　　　）

3 □にあてはまる数を書きましょう。　1つ5〔20点〕

❶ 4L＝□cm^3　　❷ 6mL＝□cm^3

❸ $2m^3$＝□L　　❹ 350cm^3＝□mL

4 右のような立体の体積を求めましょう。　1つ10〔20点〕

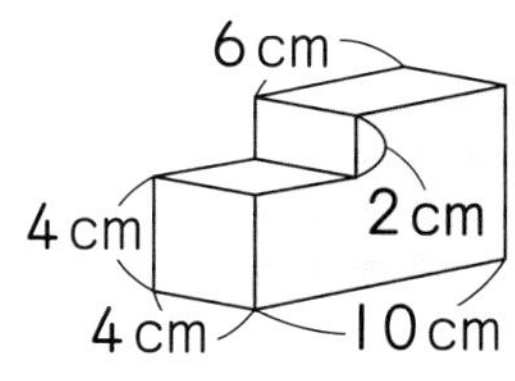

【式】

答え（　　　　）

答えは
65ページ

2 体積
(体積 ②)

／100点

1 厚(あつ)さ 1 cm の板で、右のような直方体の形をした入れ物を作りました。この入れ物の容積(ようせき)は何 cm^3 でしょうか。また、何Lでしょうか。

1つ18〔36点〕

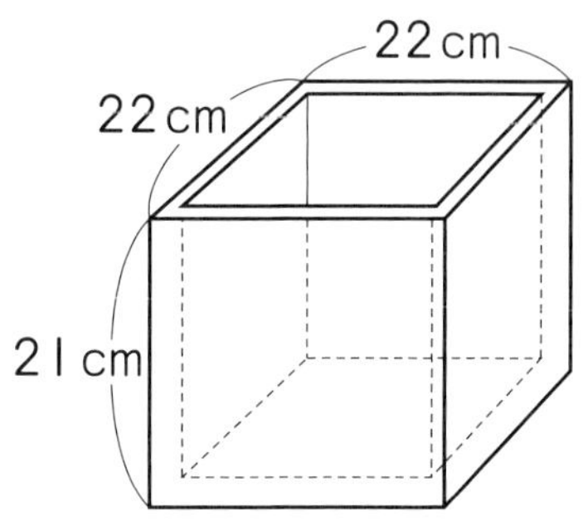

【式】

答え（　　　　　　、　　　　　　）

2 □にあてはまる数を書きましょう。　1つ12〔24点〕

❶ $2\text{ m}^3 =$ □ cm^3　　❷ $4000\text{ cm}^3 =$ □ L

3 次のような立体の体積を求めましょう。　1つ10〔40点〕

❶
6 cm
4 cm
4 cm
2 cm
2 cm

【式】

答え（　　　　　　）

❷
8 cm
9 cm
3 cm
5 cm
6 cm
3 cm

【式】

答え（　　　　　　）

答えは 65ページ

3　2つの量の変わり方

／100点

1 下の図のように、直方体の高さが1cm、2cm、3cm、…と変わると、それにともなって体積はどのように変わるか調べました。　1つ14〔70点〕

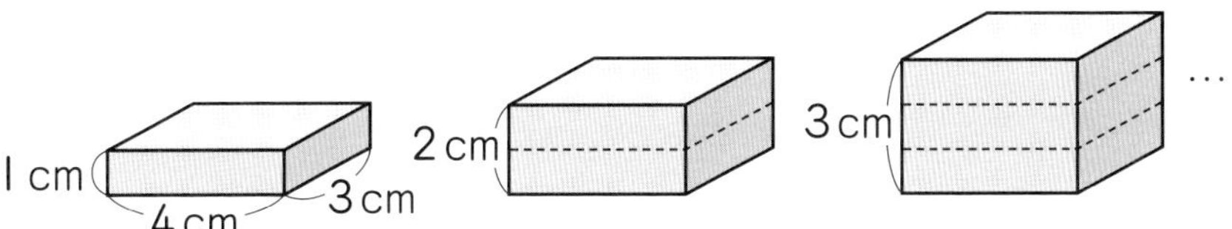

❶　高さ○cmが2cm、3cm、4cm、…のとき、体積△cm^3はそれぞれ何cm^3になるでしょうか。下の表のⓐからⓤにあてはまる数を書きましょう。

高さ○(cm)	1	2	3	4
体積△(cm^3)	12	㋐	㋑	㋒

㋐(　　　)　㋑(　　　)　㋒(　　　)

❷　高さと体積は比例(ひれい)の関係にあるといえるでしょうか。　(　　　)

❸　○と△の関係を式に表しましょう。　(　　　)

2 下の表で、2つの数量○と△が比例の関係にあるものには○、比例の関係にないものには×をつけましょう。　1つ15〔30点〕

❶

たての長さ○(cm)	10	20	30	40	60
横の長さ△(cm)	6	3	2	1.5	1

(　　　)

❷

時間　○(分)	1	2	3	4	5
水の深さ△(cm)	5	10	15	20	25

(　　　)

答えは65ページ

3　2つの量の変わり方

／100点

1 1mの重さが80gのはり金があります。はり金の重さは長さに比例(ひれい)すると考えて、表の㋐から㋔にあてはまる数を書きましょう。

1つ10〔50点〕

長さ(m)	1	2	3	㋒	5	㋔
重さ(g)	80	㋐	㋑	320	㋓	480

2 下の図のように、ストローで三角形を横につなげた形を作ります。

1つ10〔50点〕

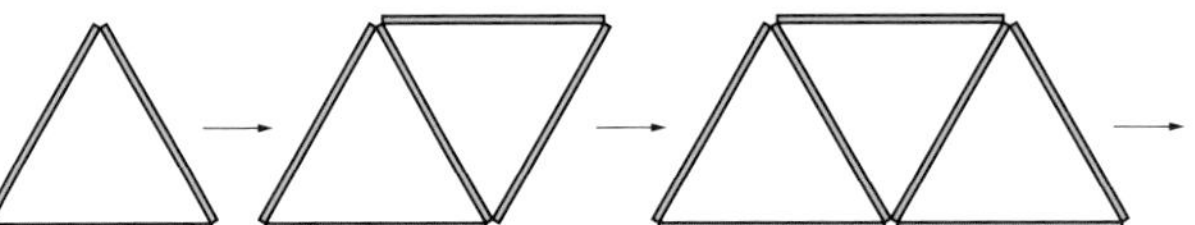

❶ 三角形の数を2個、3個、4個、……と増(ふ)やしたときの、ストローの本数を調べました。表の㋐から㋒にあてはまる数を書きましょう。

三角形の数○(個)	1	2	3	4	5
ストローの本数△(本)	3	5	㋐	㋑	㋒

㋐(　　)　㋑(　　)　㋒(　　)

❷ 三角形の数を○個、ストローの本数を△本として、○と△の関係を式に表しましょう。

(　　)

❸ 三角形の数が40個のときのストローの本数を求めましょう。

(　　)

答えは66ページ

月　　日

4 小数のかけ算

(小数のかけ算 ①)

／100点

1 計算をしましょう。 1つ10〔20点〕

❶ 20×3.4　　❷ 220×6.3

2 計算をしましょう。 1つ10〔60点〕

❶ 3.8×1.4　　❷ 5.2×0.7

❸ 3.48×6.2　　❹ 0.8×4.08

❺ 6.57×2.54　　❻ 0.52×0.87

3 1mの重さが1.46kgの木のぼうがあります。この木のぼう1.8mの重さは何kgでしょうか。 1つ10〔20点〕

【式】

答え（　　　　）

答えは
66ページ

4　小数のかけ算

(小数のかけ算 ①)

／100点

1 計算をしましょう。　1つ10〔80点〕

❶ 0.7×5.4　　❷ 4.32×2.3

❸ 6.02×0.6　　❹ 3.93×0.43

❺ 0.78×0.62　　❻ 7.15×4.02

❼ 2.98×6.25　　❽ 2.5×0.08

2 1km 走るのに 0.08L のガソリンを使う車があります。
52.5km 走るには何L のガソリンを使うでしょうか。　1つ10〔20点〕

【式】

答え（　　　）

答えは 66ページ

きほん 6

教科書 56〜58 ページ　　月　　日

10分

4　小数のかけ算
(小数のかけ算 ②)

／100点

1 積がかけられる数より小さくなる式を、すべて選びましょう。〔8点〕

㋐ 3.5×0.9　　㋑ 0.7×1.1
㋒ 40×1.4　　㋓ 0.8×0.07

(　　　　)

2 次の面積や体積を求めましょう。1つ11〔44点〕

❶ 1 辺が 5.8 cm の正方形の面積

【式】

答え(　　　　)

❷ たて 0.5 m、横 0.8 m、高さ 1.2 m の直方体の体積

【式】

答え(　　　　)

3 □にあてはまる数を書きましょう。□1つ3〔48点〕

❶ 7×0.5×0.2
=7×□
=□

❷ 6.2×1.2+6.2×0.8
=6.2×(□+□)
=6.2×□=□

❸ 1.1×8.2
=□×8.2+□×8.2
=□+□
=□

❹ 5.3×0.9
=5.3×□−5.3×□
=□−□
=□

答えは
66ページ

4　小数のかけ算

(小数のかけ算 ②)

／100点

1 □にあてはまる不等号を書きましょう。　1つ5〔10点〕

❶ 9.8×1.3 □ 9.8　❷ 4.7×0.9 □ 4.7

2 次の面積や体積を求めて、[　]の中の単位で表しましょう。　1つ9〔54点〕

❶ 1辺が 0.9 m の正方形の面積　[m^2]

【式】

答え(　　　)

❷ たてが 4.6 cm、横が 8.5 cm の長方形の面積　[cm^2]

【式】

答え(　　　)

❸ たて 1.4 m、横 80 cm、高さ 20 cm の直方体の体積　[m^3]

【式】

答え(　　　)

3 くふうして計算しましょう。　1つ9〔36点〕

❶ 3.7×0.4＋3.7×0.6　❷ 7.2×2.8－7.2×0.8

❸ 10.1×5.4　❹ 0.9×57

答えは 66ページ

教科書 62～71 ページ

月　　日

5　合同と三角形、四角形

(合同と三角形、四角形 ①)

／100点

1 合同な図形は、どれとどれでしょうか。　1つ12〔36点〕

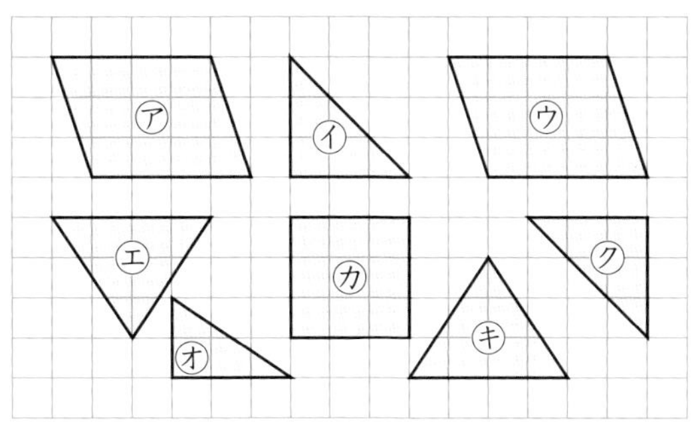

(　　と　　)
(　　と　　)
(　　と　　)

2 下の 2 つの三角形は合同です。　1つ12〔48点〕

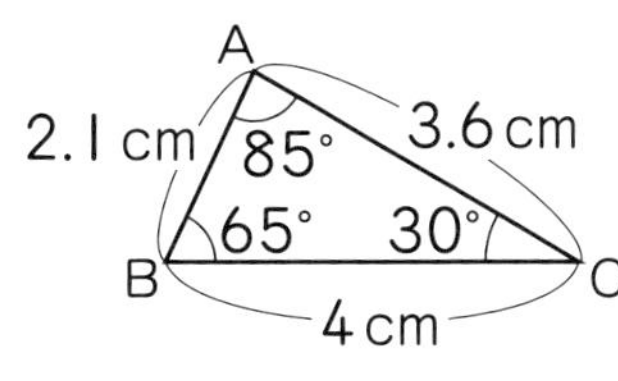

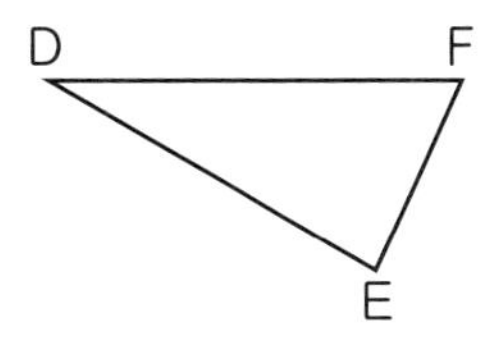

❶　辺 AB と対応（たいおう）する辺、角 C と対応する角はどれでしょうか。

辺 AB (　　　)　角 C (　　　)

❷　辺 DE の長さは何 cm でしょうか。また、角 F の角度は何度でしょうか。

辺 DE (　　　)　角 F (　　　)

3 下の四角形に 1 本の対角線をかいて、できた 2 つの三角形が合同であるものはどれでしょうか。　〔16点〕

㋐　ひし形　　㋑　平行四辺形　　㋒　台形

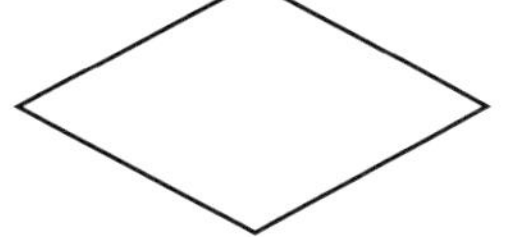
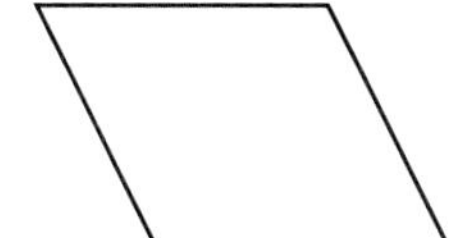
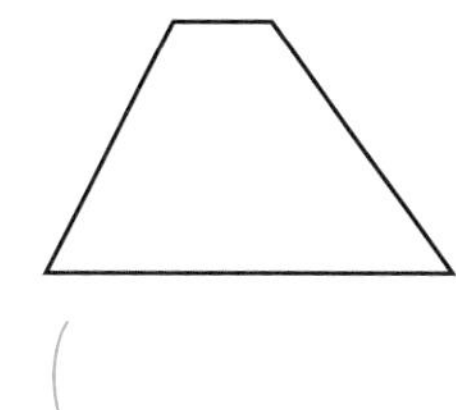

(　　　)

答えは 66ページ

5　合同と三角形、四角形

(合同と三角形、四角形 ①)

／100点

1 次の三角形と合同な三角形をかきましょう。　1つ25〔75点〕

❶ 2つの辺の長さが 3cm と 3.5cm で、その間の角の大きさが 40° の三角形

❷ 3つの辺の長さが 3cm、4cm、2.5cm の三角形

❸ 1つの辺の長さが 4cm で、その両はしの角の大きさが 70° と 45° の三角形

2 下の平行四辺形 ABCD と合同な平行四辺形をかきましょう。〔25点〕

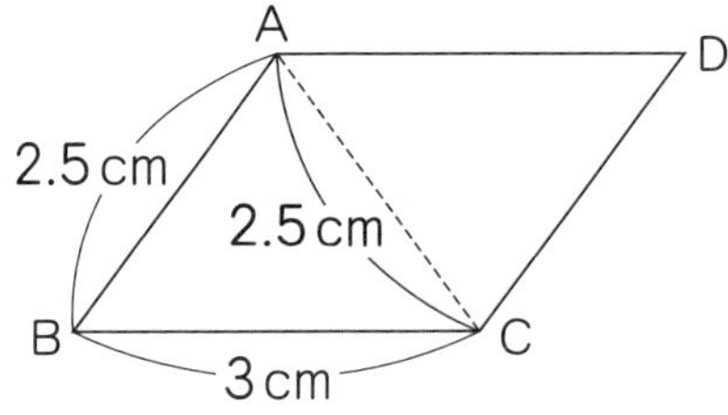

答えは
66ページ

月　日

5　合同と三角形、四角形
(合同と三角形、四角形 ②)

／100点

1 □にあてはまる数やことばを書きましょう。　□1つ10〔40点〕

❶ 三角形の3つの角の大きさの和は□°です。

❷ 5本の直線で囲(かこ)まれた図形を□、6本の直線で囲まれた図形を□といい、そのような直線だけで囲まれた図形を□といいます。

2 下の㋐、㋑、㋒の角度を求めましょう。　1つ10〔30点〕

❶ 二等辺三角形

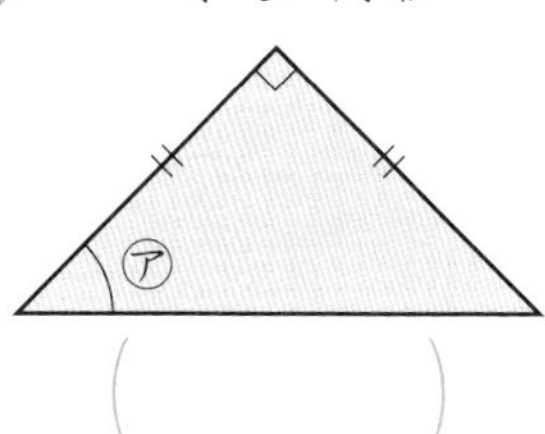

(　　　)

❷
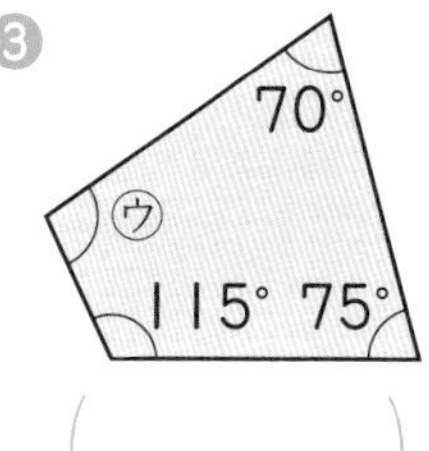

(　　　)

❸

(　　　)

3 下の㋐、㋑、㋒の角度を求めましょう。　1つ10〔30点〕

❶
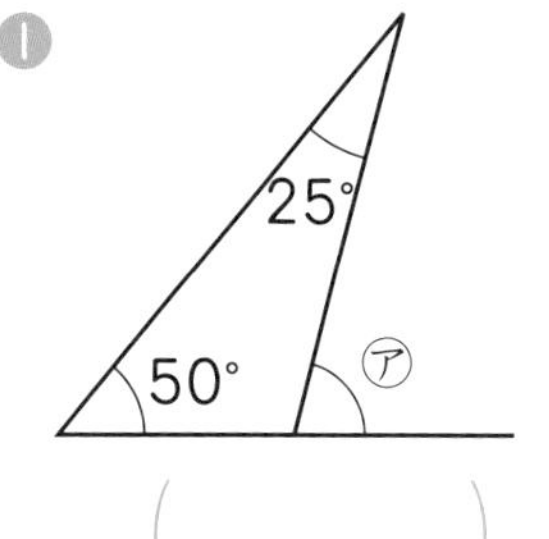

(　　　)

❷
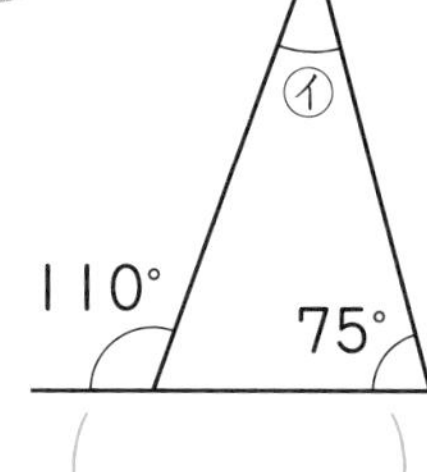

(　　　)

❸
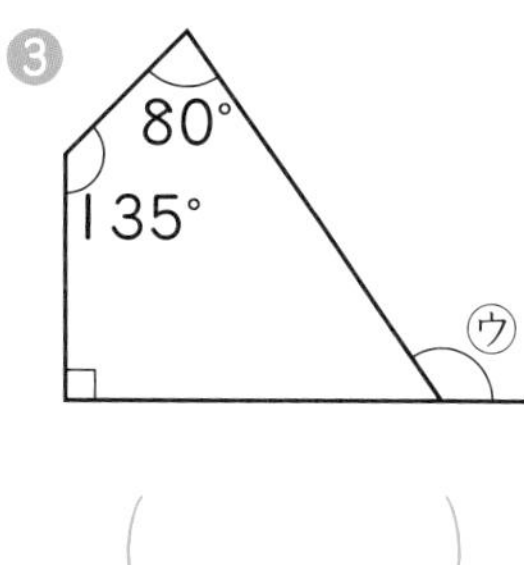

(　　　)

答えは 66ページ

5　合同と三角形、四角形
(合同と三角形、四角形 ②)

／100点

1 多角形は１つの頂点(ちょうてん)から対角線をかくと、いくつかの三角形に分けられます。下の表は分けられた三角形の数と、多角形の角の大きさの和をまとめたものです。㋐から㋓にあてはまる数や角度を書きましょう。 1つ10〔40点〕

形	三角形	四角形	五角形	六角形
三角形の数	1	2	3	㋒
角の大きさの和	180°	㋐	㋑	㋓

㋐(　　)　㋑(　　)　㋒(　　)　㋓(　　)

2 下の㋐、㋑、㋒の角度を求めましょう。 1つ10〔30点〕

❶

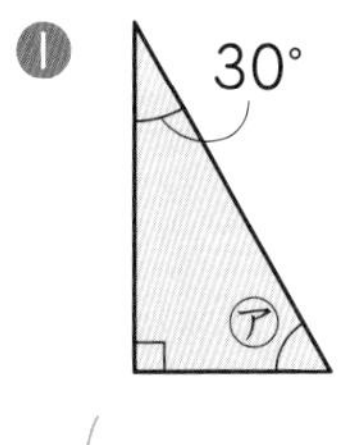

(　　)

❷

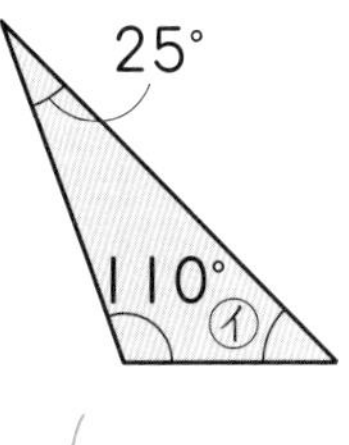

(　　)

❸

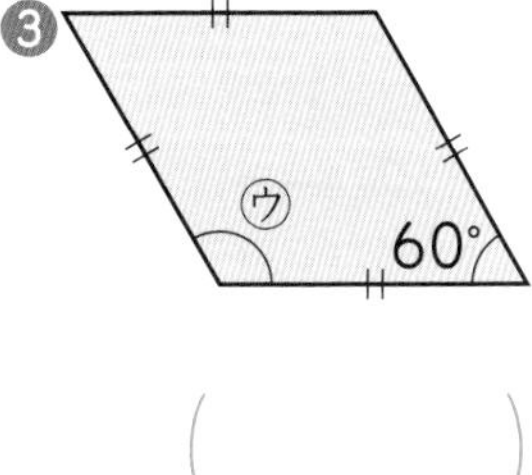

(　　)

3 下の㋐、㋑、㋒の角度を求めましょう。 1つ10〔30点〕

❶

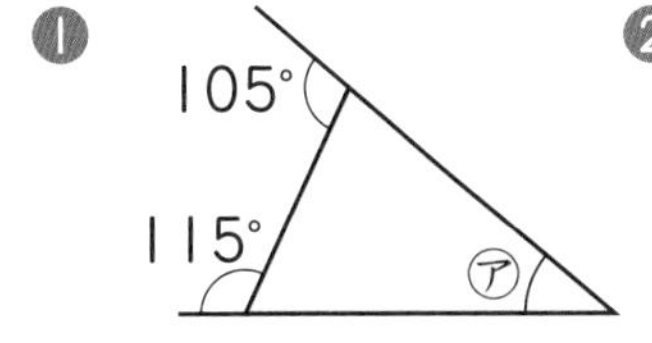

(　　)

❷

70°
125°
㋑

(　　)

❸ １組の三角定規(じょうぎ)

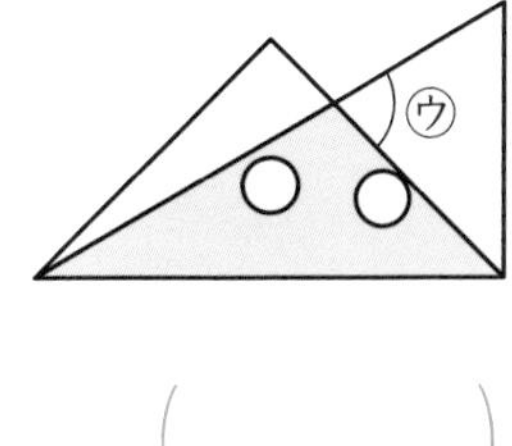

(　　)

答えは
66ページ

きほん 9

教科書 82～90 ページ

月　日

6　小数のわり算

(小数のわり算 ①)

／100点

1 2.5mの重さが550gのぼうがあります。このぼう1mの重さは何gでしょうか。 1つ14〔28点〕

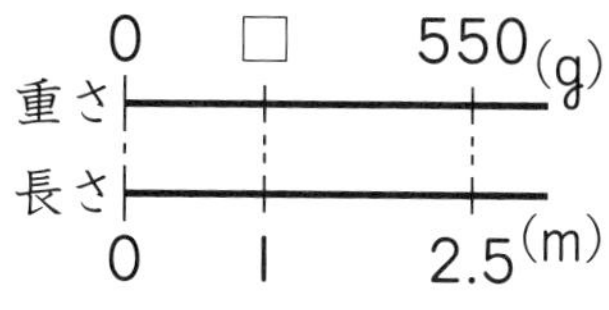

【式】

答え(　　　)

2 わりきれるまで計算をしましょう。 1つ12〔72点〕

❶ 3.5÷2.5

❷ 2.25÷0.9

❸ 0.48÷9.6

❹ 2.852÷1.24

❺ 0.9÷0.12

❻ 14÷2.5

答えは
67ページ

教科書 82〜90 ページ

月　　日

6　小数のわり算

（小数のわり算 ①）

／100点

1 わりきれるまで計算をしましょう。　1つ12〔72点〕

❶ 62.8÷0.8　　❷ 0.51÷0.6

❸ 0.17÷3.4　　❹ 8.869÷3.62

❺ 0.6÷1.25　　❻ 36÷3.75

2 6.4mの重さが41.6kgの鉄のぼうがあります。この鉄のぼう1mの重さは何kgでしょうか。　1つ14〔28点〕

【式】

答え（　　　）

答えは
67ページ

6 小数のわり算

(小数のわり算②)

／100点

1 商がわられる数より大きくなる式を、すべて選びましょう。〔16点〕

㋐ 31÷1.9　　㋑ 1.3÷0.2　　㋒ 0.9÷11

㋓ 0.2÷2.8　　㋔ 2.6÷0.04

(　　　　)

2 商は四捨五入(ししゃごにゅう)して、上から2けたのがい数で求めましょう。

1つ12〔36点〕

❶ 6.7÷7.3　　❷ 8÷5.4　　❸ 3.54÷6.5

(　　　　)　(　　　　)　(　　　　)

3 5.2mのリボンを0.3mずつ切っていきます。0.3mのリボンは何本できて、何mあまるでしょうか。　1つ12〔24点〕

【式】

答え(　　　　)できて、(　　　　)あまる。

4 7.8cmの青いぼうと、5.2cmの赤いぼうがあります。青いぼうの長さは、赤いぼうの長さの何倍でしょうか。　1つ12〔24点〕

【式】

答え(　　　　)

答えは 67ページ

月　日

6 小数のわり算
(小数のわり算 ②)

／100点

1 □にあてはまる不等号を書きましょう。 1つ12〔24点〕

❶ 9.2÷2.4 □ 9.2　　❷ 4.8÷0.7 □ 4.8

2 面積が6 m^2 になるように、長方形の形をした池をつくります。たての長さを1.8 m にするとき、横の長さを約何 m にすればよいでしょうか。四捨五入(ししゃごにゅう)して、上から2けたのがい数で求めましょう。 1つ12〔24点〕

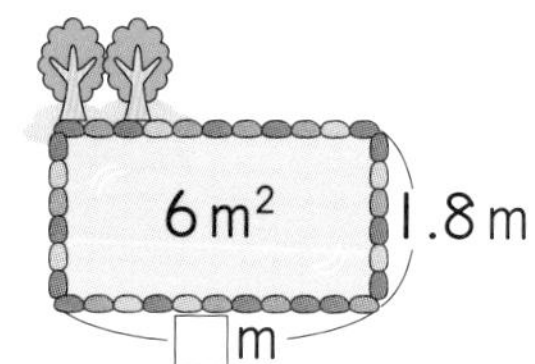

【式】

答え（　　　）

3 2.55L の麦茶を 0.7L 入る水とうに分けていきます。0.7L 入った水とうは何個(こ)できて、何L あまるでしょうか。 1つ13〔26点〕

【式】

答え（　　　）できて、（　　　）あまる。

4 8.8 m の青いリボンがあります。これは、赤いリボンの長さの1.6 倍です。赤いリボンの長さは何 m でしょうか。 1つ13〔26点〕

【式】

答え（　　　）

答えは 67ページ

7　整数の見方

(整数の見方 ①)

／100点

1 次の整数を、偶数(ぐうすう)と奇数(きすう)に分けましょう。　1つ9〔18点〕

0	2	5	27	34	61
89	308	543	1896		

偶数(　　　　　　)　奇数(　　　　　　)

2 次の数の倍数を、小さい順に 3 つずつ書きましょう。　1つ9〔18点〕

❶ 6 (　　　　　　)　❷ 9 (　　　　　　)

3 (　)の中の数の公倍数を、小さい順に 3 つ書きましょう。また、最小公倍数は何でしょうか。　1つ9〔54点〕

❶ (4、5)　公倍数(　　　　　　)　最小公倍数(　　　　)

❷ (2、8)　公倍数(　　　　　　)　最小公倍数(　　　　)

❸ (3、6、9)　公倍数(　　　　　　)　最小公倍数(　　　　)

4 たて 9cm、横 5cm の長方形のタイルを同じ向きにすき間なくならべて、できるだけ小さい正方形を作ります。正方形の 1 辺の長さは何 cm になるでしょうか。　〔10点〕

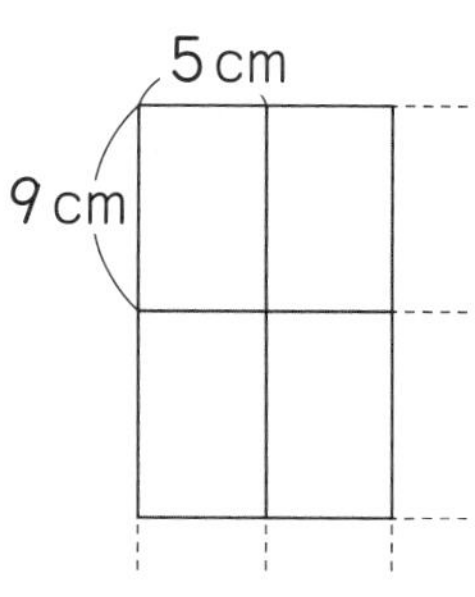

(　　　　　　)

答えは 67ページ

7　整数の見方
(整数の見方 ①)

／100点

1 □にあてはまる数や式を書いて、偶数(ぐうすう)か奇数(きすう)かがわかるように式に表しましょう。　1つ5〔20点〕

❶ 11＝2×□＋1　　❷ 38＝2×□

❸ 50＝□　　❹ 87＝□

2 (　)の中の数の公倍数を、小さい順に3つ書きましょう。また、最小公倍数は何でしょうか。　1つ10〔40点〕

❶ (8、12)　公倍数(　　)　最小公倍数(　　)

❷ (4、5、6)　公倍数(　　)　最小公倍数(　　)

3 1以上90以下の整数の中で、次の数は何個(こ)あるでしょうか。　1つ10〔30点〕

❶ 6の倍数(　　)　❷ 7の倍数(　　)

❸ 6と7の公倍数(　　)

4 本町駅を電車は8分ごとに、バスは12分ごとに発車しています。午前6時に電車とバスが同時に発車したとき、次に電車とバスが同時に発車する時こくは何時何分でしょうか。　〔10点〕

(　　)

答えは67ページ

7　整数の見方
(整数の見方 ②)

／100点

1 次の数の約数を、すべて書きましょう。　1つ7〔14点〕

❶ 10　(　　　)

❷ 32　(　　　)

2 (　)の中の数の公約数をすべて書きましょう。また、最大公約数は何でしょうか。　1つ7〔70点〕

❶ (8、16)　公約数(　　　)　最大公約数(　　　)

❷ (27、36)　公約数(　　　)　最大公約数(　　　)

❸ (25、45)　公約数(　　　)　最大公約数(　　　)

❹ (32、40)　公約数(　　　)　最大公約数(　　　)

❺ (14、21、35)　公約数(　　　)　最大公約数(　　　)

3 たて 8cm、横 20cm の方眼紙(ほうがんし)があります。この方眼紙から同じ大きさの正方形を、むだのないように切り取っていきます。正方形の1辺の長さがいちばん大きくなるのは何cm のときでしょうか。　〔16点〕

(　　　)

答えは 67ページ

月　　日

7　整数の見方
(整数の見方 ②)

／100点

1 (　)の中の数の公約数をすべて書きましょう。また、最大公約数は何でしょうか。 1つ7〔70点〕

❶ (16、24)　公約数(　　　　)　最大公約数(　　　)

❷ (28、70)　公約数(　　　　)　最大公約数(　　　)

❸ (36、54)　公約数(　　　　)　最大公約数(　　　)

❹ (60、72)　公約数(　　　　)　最大公約数(　　　)

❺ (18、27、45)　公約数(　　　　)　最大公約数(　　　)

2 りんごが 24 個、みかんが 56 個あります。それぞれあまりがないように、同じ数ずつ、できるだけ多くの人数で分けます。分ける人数は何人でしょうか。 〔15点〕

(　　　　)

3 えん筆 54 本とペン 72 本を、それぞれあまりがないように、同じ数ずつ、できるだけ多くの子どもに配ります。それぞれ何本ずつ配ることができるでしょうか。 〔15点〕

えん筆(　　　　)　ペン(　　　　)

答えは 67ページ

8　分数の大きさとたし算、ひき算

(分数の大きさとたし算、ひき算 ①)

／100点

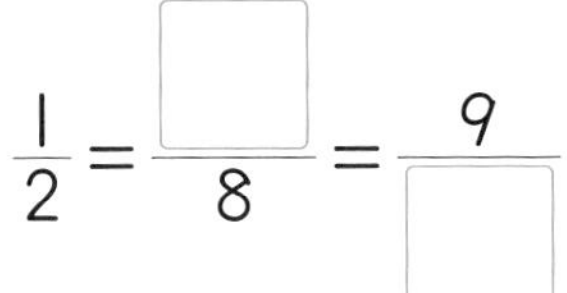

1 □にあてはまる数を書きましょう。　□1つ5〔10点〕

$\frac{1}{2}=\frac{\square}{8}=\frac{9}{\square}$

ポイント
分母と分子に同じ数をかけても、分数の大きさは変わりません。

2 $\frac{10}{15}$ と大きさの等しい分数を、選びましょう。　〔9点〕

$\frac{3}{4}$　$\frac{5}{6}$　$\frac{14}{21}$　$\frac{16}{27}$　(　　)

3 約分しましょう。　1つ9〔36点〕

❶ $\frac{7}{28}$　(　　)　❷ $\frac{18}{45}$　(　　)

❸ $\frac{16}{32}$　(　　)　❹ $2\frac{18}{24}$　(　　)

4 $\frac{2}{5}$ と $\frac{1}{3}$ は、どちらが大きいでしょうか。　〔9点〕

(　　)

5 (　)の中の分数を通分しましょう。　1つ9〔36点〕

❶ $\left(\frac{1}{5}、\frac{2}{3}\right)$　(　　、　　)　❷ $\left(1\frac{2}{9}、1\frac{5}{12}\right)$　(　　、　　)

❸ $\left(\frac{1}{3}、\frac{1}{4}、\frac{1}{6}\right)$　(　　、　　、　　)　❹ $\left(\frac{3}{4}、\frac{1}{6}、\frac{5}{8}\right)$　(　　、　　、　　)

答えは 68ページ

月　日

10分

8　分数の大きさとたし算、ひき算

（分数の大きさとたし算、ひき算 ①）

／100点

1 $\frac{3}{4}$ と大きさの等しい分数を、すべて選びましょう。〔10点〕

㋐ $\frac{6}{10}$　㋑ $\frac{16}{24}$　㋒ $\frac{27}{36}$　㋓ $\frac{9}{12}$　㋔ $\frac{15}{20}$

（　　　　）

2 約分しましょう。1つ9〔36点〕

❶ $\frac{8}{12}$（　　　　）　❷ $\frac{35}{20}$（　　　　）

❸ $\frac{63}{14}$（　　　　）　❹ $1\frac{21}{36}$（　　　　）

3 数の大小を比（くら）べて、□にあてはまる不等号を書きましょう。1つ9〔18点〕

❶ $\frac{5}{6}$ □ $\frac{11}{12}$　❷ $\frac{3}{5}$ □ $\frac{5}{9}$

4 （　）の中の分数を通分しましょう。1つ9〔36点〕

❶ $\left(\frac{1}{2}、\frac{1}{6}\right)$（　　、　　）　❷ $\left(1\frac{4}{15}、2\frac{7}{20}\right)$（　　、　　）

❸ $\left(\frac{1}{2}、\frac{2}{3}、\frac{5}{9}\right)$（　　、　　、　　）　❹ $\left(\frac{2}{3}、\frac{7}{8}、\frac{5}{12}\right)$（　　、　　、　　）

答えは 68ページ

8　分数の大きさとたし算、ひき算
(分数の大きさとたし算、ひき算 ②)

／100点

1 □にあてはまる数を書きましょう。　□1つ5〔30点〕

❶ $\frac{1}{6}+\frac{3}{10}=\frac{\square}{30}+\frac{9}{30}=\frac{\square}{30}=\frac{\square}{15}$

❷ $\frac{7}{6}-\frac{5}{12}=\frac{\square}{12}-\frac{5}{12}=\frac{\square}{12}=\frac{\square}{4}$

ポイント
通分して分母をそろえます。

2 計算をしましょう。　1つ7〔70点〕

❶ $\frac{1}{2}+\frac{1}{5}$

❷ $\frac{2}{5}+\frac{2}{3}$

❸ $\frac{7}{10}+\frac{5}{6}$

❹ $1\frac{5}{6}+\frac{7}{18}$

❺ $\frac{4}{5}-\frac{1}{2}$

❻ $\frac{6}{7}-\frac{5}{9}$

❼ $\frac{2}{3}-\frac{4}{15}$

❽ $3\frac{4}{5}-2\frac{2}{3}$

❾ $\frac{1}{2}+\frac{3}{4}+\frac{3}{8}$

❿ $\frac{2}{3}-\frac{1}{9}-\frac{1}{6}$

答えは
68ページ

8　分数の大きさとたし算、ひき算

(分数の大きさとたし算、ひき算 ②)

／100点

1 計算をしましょう。　1つ8〔80点〕

❶ $\frac{5}{6}+\frac{8}{9}$　　❷ $\frac{2}{3}+\frac{7}{12}$

❸ $2\frac{1}{4}+\frac{1}{5}$　　❹ $1\frac{3}{10}+1\frac{5}{6}$

❺ $\frac{7}{8}-\frac{1}{4}$　　❻ $\frac{13}{15}-\frac{7}{10}$

❼ $3\frac{5}{6}-2\frac{3}{4}$　　❽ $2\frac{1}{6}-\frac{6}{7}$

❾ $\frac{3}{4}-\frac{1}{8}+\frac{1}{3}$　　❿ $\frac{5}{7}+\frac{3}{4}-\frac{5}{8}$

2 下の図を見て答えましょう。　1つ5〔20点〕

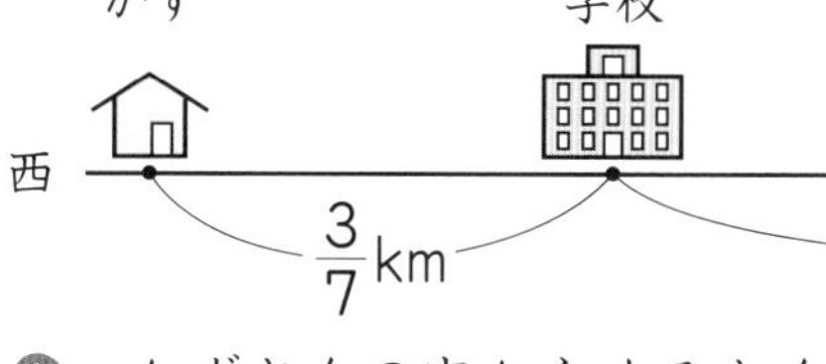

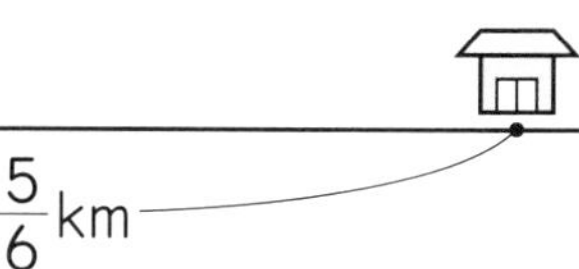

❶ かずさんの家からゆみさんの家までは何km あるでしょうか。

【式】

答え（　　　　）

❷ どちらの家のほうがどれだけ学校に近いでしょうか。

【式】

答え（　　　　）の家のほうが（　　　　）近い。

答えは 68ページ

9 平均

／100点

1 次の量や人数、重さの平均(へいきん)を求めましょう。　1つ10〔30点〕

❶ 19L、18L、24L、15L　（　　　）

❷ 35人、28人、37人、32人、30人、36人　（　　　）

❸ 56g、55g、54g、57g、52g、58g、53g　（　　　）

2 下の表は、先週、けいこさんが読書をした時間を表しています。先週1日に、読書をした時間は、平均何分でしょうか。　1つ11〔22点〕

読書をした時間

曜　日	月	火	水	木	金	土	日
時間(分)	0	55	45	15	40	30	60

【式】

答え（　　　）

3 ゆみさんが30歩(ぽ)歩いた長さを調べたら、19.2mでした。ゆみさんの歩はばは、平均何mでしょうか。　1つ12〔24点〕

【式】

答え（　　　）

4 1日に平均20ページずつ本を読むと、20日間では、何ページ読むことになるでしょうか。　1つ12〔24点〕

【式】

答え（　　　）

答えは68ページ

9　平均

／100点

1 次の重さや長さの平均(へいきん)を求めましょう。　1つ10〔20点〕

❶ 20g、30g、25g、35g、15g　(　　　)

❷ 0m、5m、0m、8m　(　　　)

2 下は、箱の中から5個(こ)のりんごを取り出してはかった重さです。　1つ15〔60点〕

240g　275g　260g　280g　270g

❶ りんご1個の重さは、平均何gでしょうか。

【式】

答え(　　　)

❷ りんご30個の重さは、何gになると考えられるでしょうか。

【式】

答え(　　　)

3 下の表は、みなみさんたちが拾ったどんぐりの数を表しています。1人が拾った数は平均67個でしたが、しゅんさんが拾ったどんぐりの数がよごれて見えなくなってしまいました。しゅんさんが拾ったどんぐりの数は、何個だったでしょうか。　〔20点〕

拾ったどんぐりの数

名前	みなみ	さくま	かな	しゅん	ゆの	そうた
どんぐりの数(個)	60	65	62	[illegible]	68	75

(　　　)

答えは 68ページ

10　単位量あたりの大きさ
(単位量あたりの大きさ ①)

／100点

1 右の表は、南公園と北公園の面積と、そこで遊んでいる子どもの人数を表したものです。 1つ12〔72点〕

公園の面積と子どもの人数

	面積(m^2)	人数(人)
南公園	300	48
北公園	480	60

❶ $1\,m^2$ あたりの子どもの人数は、それぞれ何人でしょうか。

【式】

答え　南公園(　　　　)　北公園(　　　　)

❷ 1人あたりの面積は、それぞれ何m^2でしょうか。

【式】

答え　南公園(　　　　)　北公園(　　　　)

❸ 南公園と北公園では、どちらがこんでいるでしょうか。

(　　　　)

❹ 南公園のこみぐあいと、西公園のこみぐあいは同じです。西公園の面積が $250\,m^2$ のとき、子どもは何人いるでしょうか。

(　　　　)

2 10本で800円のジュースAと6本で510円のジュースBでは、1本あたりのねだんは、どちらのほうが安いでしょうか。

1つ14〔28点〕

【式】

答え(　　　　)

答えは 68ページ

10　単位量あたりの大きさ

(単位量あたりの大きさ ①)

／100点

1 右の表を見て、A県とB県のそれぞれの人口密度(じんこうみつど)を、四捨五入(ししゃごにゅう)して、一の位までのがい数で求めましょう。　1つ10〔30点〕

A県とB県の人口と面積

	人口(人)	面積(km^2)
A県	7254704	5164
B県	3792377	7780

【式】

答え　A県(　　　)　B県(　　　)

2 6Lのガソリンで126km走るA車と、7.5Lのガソリンで141km走るB車があります。　1つ12〔48点〕

❶ ガソリン1Lあたりに走る道のりが長いのは、どちらの車でしょうか。

【式】

答え(　　　)

❷ A車は、20Lのガソリンで何km走れるでしょうか。

【式】

答え(　　　)

3 1dLあたり2.4m^2の板をぬれるペンキがあります。このペンキで8.4m^2の板をぬるには、何dLのペンキが必要でしょうか。　1つ11〔22点〕

【式】

答え(　　　)

答えは69ページ

月　日
10分

10　単位量あたりの大きさ
(単位量あたりの大きさ ②)

／100点

1 右の表は、さとしさんとこうたさんが走ったときの、道のりと時間を表しています。

	道のり(m)	時間(秒)
さとし	60	10
こうた	80	16

1つ8〔72点〕

❶ 1秒間で何m走るでしょうか。

〈さとし〉【式】

答え(　　　　)

〈こうた〉【式】

答え(　　　　)

❷ 1m走るのに何秒かかるでしょうか。わりきれないときは四捨五入(ししゃごにゅう)し、上から2けたのがい数で求めましょう。

〈さとし〉【式】

答え(　　　　)

〈こうた〉【式】

答え(　　　　)

❸ さとしさんとこうたさんでは、どちらが速いでしょうか。

(　　　　)

2 3時間で144km走るトラックの時速は何kmでしょうか。

【式】

1つ7〔14点〕

答え(　　　　)

3 1kmを20分間で歩きました。分速は何mでしょうか。

【式】

1つ7〔14点〕

答え(　　　　)

答えは69ページ

教科書 152〜157 ページ　　月　　日

10　単位量あたりの大きさ
(単位量あたりの大きさ ②)

／100点

1 右の表は、みきさんとりささんが自転車で走ったときの、道のりと時間を表しています。　1つ6〔30点〕

	道のり(m)	時間(分)
みき	2600	10
りさ	1500	6

❶ 1分間あたりに走る道のりを求めましょう。

〈みき〉【式】

答え(　　　　)

〈りさ〉【式】

答え(　　　　)

❷ みきさんとりささんでは、どちらが速いでしょうか。

(　　　　)

2 45分間で54km走る列車があります。　1つ9〔54点〕

❶ この列車の分速は何mでしょうか。

【式】

答え(　　　　)

❷ この列車の時速は何kmでしょうか。

【式】

答え(　　　　)

❸ この列車の秒速は何mでしょうか。

【式】

答え(　　　　)

3 15kmを50分で走るマラソン選手Aと、25kmを80分で走るマラソン選手Bでは、どちらのほうが速いでしょうか。分速で比べましょう。　1つ8〔16点〕

【式】

答え(　　　　)

答えは 69ページ

10 単位量あたりの大きさ

(単位量あたりの大きさ ③)

／100点

1 分速 500 m で走るオートバイは、20 分間で何 km 進むでしょうか。 1つ10〔20点〕

【式】

答え（　　　　）

2 秒速 10 m で泳ぐイルカは、20 秒間で何 m 進むでしょうか。

【式】 1つ10〔20点〕

答え（　　　　）

3 分速 60 m で歩く人は、1500 m 歩くのに何分かかるでしょうか。 1つ10〔20点〕

【式】

答え（　　　　）

4 秒速 2 m で泳ぐペンギンは、300 m 進むのに何分何秒かかるでしょうか。 1つ10〔20点〕

【式】

答え（　　　　）

5 分速 250 m の自転車は、2 km 走るのに何分かかるでしょうか。

【式】 1つ10〔20点〕

答え（　　　　）

答えは 69ページ

月　　日

10　単位量あたりの大きさ

(単位量あたりの大きさ ③)

／100点

1 分速 18km で飛ぶ飛行機は、10 秒間で何km 進むでしょうか。

【式】　　1つ10〔20点〕

答え(　　　　)

2 時速72km で走るトラックは、25分間で何km進むでしょうか。

【式】　　1つ10〔20点〕

答え(　　　　)

3 秒速 12m で走る自動車で、トンネルを走る時間をはかったら、4 分かかりました。トンネルの長さは何m でしょうか。

【式】　　1つ10〔20点〕

答え(　　　　)

4 時速 48km で走る自動車は、120km 進むのに何時間何分かかるでしょうか。　　1つ10〔20点〕

【式】

答え(　　　　)

5 分速 600m で進む船は、7.5km 進むのに何分何秒かかるでしょうか。　　1つ10〔20点〕

【式】

答え(　　　　)

答えは 69ページ

11　わり算と分数
(わり算と分数 ①)

／100点

1 (　)にあてはまる分数を書きましょう。　1つ6〔12点〕

❶ 3mを4等分した1個分の長さは(　　　)mです。

❷ 5Lを2等分した1個分の量は(　　　)Lです。

2 商を分数で表しましょう。　1つ6〔24点〕

❶ 2÷5 (　　　)　❷ 1÷3 (　　　)

❸ 8÷5 (　　　)　❹ 6÷4 (　　　)

3 分数をわり算の式で表しましょう。　1つ6〔12点〕

❶ $\frac{4}{3}$ (　　　)　❷ $\frac{5}{7}$ (　　　)

4 小数で表しましょう。　1つ6〔24点〕

❶ $\frac{3}{5}$ (　　　)　❷ $\frac{3}{2}$ (　　　)

❸ $\frac{11}{25}$ (　　　)　❹ $1\frac{3}{10}$ (　　　)

5 次の量を分数と小数で表しましょう。　1つ7〔28点〕

❶ 1Lのジュースを4等分した1個分の量

分数(　　　)　小数(　　　)

❷ 5kgのさとうを8等分した1つ分の量

分数(　　　)　小数(　　　)

答えは69ページ

11 わり算と分数
(わり算と分数 ①)

／100点

1 (　)にあてはまる分数を書きましょう。　1つ5〔10点〕

❶ 7kg を 5 等分した 1 個分の重さは (　　　) kg です。

❷ 8 を 13 でわったときの商は (　　　) です。

2 商を分数で表しましょう。　1つ6〔36点〕

❶ $3 \div 4$ (　　　)　❷ $5 \div 10$ (　　　)

❸ $11 \div 9$ (　　　)　❹ $13 \div 11$ (　　　)

❺ $12 \div 9$ (　　　)　❻ $35 \div 17$ (　　　)

3 分数をわり算の式で表しましょう。　1つ6〔12点〕

❶ $\frac{9}{13}$ (　　　)　❷ $\frac{16}{3}$ (　　　)

4 小数で表しましょう。　1つ7〔42点〕

❶ $\frac{7}{8}$ (　　　)　❷ $\frac{3}{4}$ (　　　)

❸ $\frac{8}{5}$ (　　　)　❹ $\frac{22}{25}$ (　　　)

❺ $1\frac{1}{4}$ (　　　)　❻ $3\frac{4}{5}$ (　　　)

答えは 70ページ

月　日

11　わり算と分数

(わり算と分数 ②)

／100点

1 次の小数や整数を分数で表しましょう。　1つ6〔36点〕

❶ 0.9 (　　　)　❷ 2.3 (　　　)

❸ 1.07 (　　　)　❹ 0.239 (　　　)

❺ 2 (　　　)　❻ 11 (　　　)

2 次の重さは、それぞれ 3kg の何倍でしょうか。　1つ8〔32点〕

❶ 2kg

【式】

答え (　　　)

❷ 8kg

【式】

答え (　　　)

3 大きなバケツに 9L、小さなバケツに 7L の水が入っています。

1つ8〔32点〕

❶ 大きなバケツには、小さなバケツの何倍の水が入っているでしょうか。

【式】

答え (　　　)

❷ 小さなバケツには、大きなバケツの何倍の水が入っているでしょうか。

【式】

答え (　　　)

答えは 70ページ

11　わり算と分数
(わり算と分数 ②)

／100点

1 数の大小を比(くら)べて、□に等号、不等号を書きましょう。1つ9〔36点〕

❶ $\frac{5}{8}$ □ 0.63　　❷ $\frac{7}{4}$ □ 1.75

❸ 2.7 □ $2\frac{4}{5}$　　❹ 0.6 □ $\frac{5}{9}$

2 次の㋐から㋓の分数や小数を、小さい順にならべましょう。〔10点〕

㋐ $1\frac{2}{3}$　㋑ $1\frac{4}{7}$　㋒ 1.61　㋓ 1.627

(　　　　　)

3 計算をしましょう。1つ9〔18点〕

❶ $0.4+\frac{3}{10}$　　❷ $1.2-\frac{9}{10}$

4 れいさんのリボンの長さは 11 m、妹のリボンの長さは 5 m です。1つ9〔36点〕

❶ れいさんのリボンの長さは、妹のリボンの長さの何倍でしょうか。

【式】

答え(　　　)

❷ 妹のリボンの長さは、れいさんのリボンの長さの何倍でしょうか。

【式】

答え(　　　)

答えは 70ページ

月　日

12 割合
(割合 ①)

／100点

1 かずきさんとゆうきさんは、シュートの練習をしました。右の表は、その結果を表したものです。　1つ8〔40点〕

シュートの成績

	かずき	ゆうき
入った数(回)	108	102
シュートした数(回)	135	120

❶ かずきさんの、シュートした回数に対する入った回数の割合（わりあい）を小数で求めましょう。

【式】

答え（　　　）

❷ ゆうきさんの、シュートした回数に対する入った回数の割合を小数で求めましょう。

【式】

答え（　　　）

❸ どちらがよく入ったといえるでしょうか。（　　　）

2 小数や整数で表された割合を、百分率（ひゃくぶんりつ）で表しましょう。1つ8〔32点〕

❶ 0.06（　　　）　❷ 0.5（　　　）

❸ 3（　　　）　❹ 1.17（　　　）

3 歩合（ぶあい）や百分率で表された割合を、小数で表しましょう。1つ7〔28点〕

❶ 1割（　　　）　❷ 40%（　　　）

❸ 25.5%（　　　）　❹ 132%（　　　）

答えは70ページ

教科書 174〜181 ページ　　月　　日

12　割合
(割合 ①)

／100点

1 小数や整数で表された割合(わりあい)を百分率(ひゃくぶんりつ)で、歩合(ぶあい)や百分率で表された割合を小数で表しましょう。　1つ8〔48点〕

❶ 0.04　(　　　)　❷ 0.32　(　　　)

❸ 4　(　　　)　❹ 3割　(　　　)

❺ 128%　(　　　)　❻ 12.5%　(　　　)

2 ある電車の車両の定員は 145 人です。この車両に実際(じっさい)に乗っている人数が次のようなとき、定員に対する乗車人数の割合は、それぞれ何% でしょうか。　1つ9〔36点〕

❶ 116 人のとき

【式】

答え(　　　)

❷ 174 人のとき

【式】

答え(　　　)

3 みゆきさんが通う学校の今年の児童数は 680 人で、来年は 714 人に増(ふ)える予定だそうです。今年の児童数に対する来年の児童数の割合は何% になる予定でしょうか。　1つ8〔16点〕

【式】

答え(　　　)

答えは 70ページ

きほん 22

月　日

12　割合

(割合 ②)

／100点

1 □にあてはまる数を書きましょう。　1つ12〔36点〕

❶ 800 m の 25％は □ m です。

❷ □ 人は 2500 人の 48％です。

❸ 1444 円は □ 円の 76％です。

2 あるバスの定員は 30 人です。定員に対する乗車人数の割合が 80％のとき、乗車人数の求め方を考えます。　1つ10〔40点〕

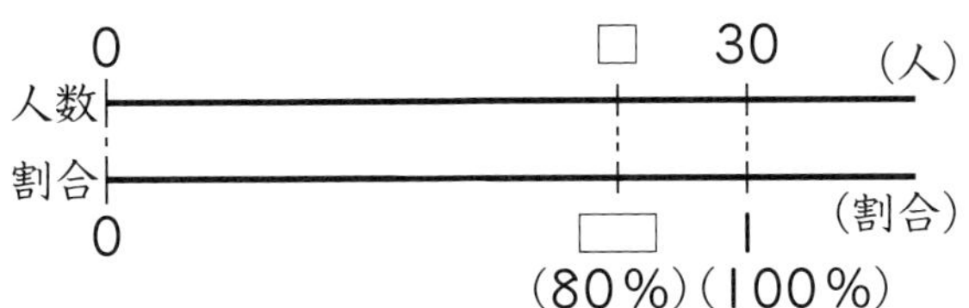

❶ 基準量(きじゅんりょう)と比(ひ)かく量(りょう)を、それぞれいいましょう。

基準量(　　　　)　比かく量(　　　　)

❷ 図を見て、乗車人数を求めましょう。

【式】

答え(　　　　)

3 定価(ていか) 4500 円のセーターが、20％引きのねだんで売られています。このセーターは何円で買えるでしょうか。　1つ12〔24点〕

【式】

答え(　　　　)

答えは 70ページ

12 割合
(割合 ②)

／100点

1 □にあてはまる数を書きましょう。 1つ12〔36点〕

❶ 4800円の85%は□円です。

❷ □mは180mの25%です。

❸ □kgの115%は184kgです。

2 さおりさんは120ページある本の85%を読みました。残りは何ページでしょうか。 1つ10〔20点〕

【式】

答え（　　　）

3 ボランティアに参加した子どもの人数は516人で、これは参加した人全体の48%にあたります。ボランティアに参加した人全体の人数は何人でしょうか。 1つ10〔20点〕

【式】

答え（　　　）

4 けんじさんの家のみかん園で、今年は4160kgのみかんがとれました。今年とれたみかんの量は、昨年よりも30%増加(ぞうか)したそうです。昨年とれたみかんは何kgでしょうか。 1つ12〔24点〕

【式】

答え（　　　）

答えは 70ページ

13　割合とグラフ

／100点

1 右の円グラフは、学級文庫の種類別の本の数の割合を表したものです。　1つ25〔50点〕

❶ 社会の本の数は、算数の本の数の何倍でしょうか。

（　　　　）

❷ 理科の本の数は何さつでしょうか。

（　　　　）

種類別の本の数の割合
（合計 140 さつ）

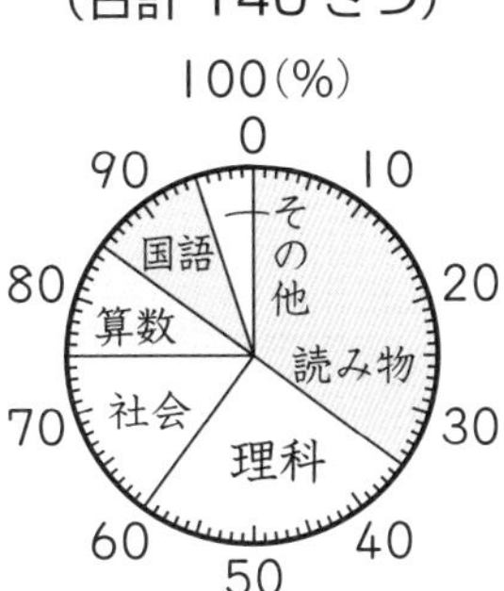

2 下のグラフは、都道府県別の大根の収かく量の割合の変化を表したものです。　1つ25〔50点〕

大根の収かく量の割合の変化

0　10　20　30　40　50　60　70　80　90　100 (%)

2006年（合計 1650 千t）：北海道｜千葉｜青森｜その他

2017年（合計 1325 千t）：北海道｜千葉｜青森｜その他

（作物統計）

❶ 2017年の青森県の割合は、全体の何％でしょうか。

（　　　　）

❷ 2006年に比べて、2017年の北海道の収かく量は増えたでしょうか、減ったでしょうか。

（　　　　）

答えは 70ページ

13　割合とグラフ

／100点

1 右の表は、ある年の国別のテレビの生産台数の割合を表したものです。表をもとにして、テレビの生産台数の割合を、円グラフに表しましょう。〔20点〕

テレビの生産台数の割合
(合計 1 億 4000 万台)

100(%) 0, 10, 20, 30, 40, 50, 60, 70, 80, 90

国名	割合(%)
中国	26
韓国	14
アメリカ	9
マレーシア	7
その他	44
合計	100

2 右の表は、ある年の県別のみかんの生産量と割合を表したものです。❶1つ10 ❷20〔80点〕

❶ それぞれの生産量の割合を計算し、表のあいているところに書きましょう。百分率は四捨五入して、整数で表しましょう。

❷ みかんの生産量の割合を、帯グラフに表しましょう。

みかんの生産量と割合

県名	生産量(百万 kg)	割合(%)
愛媛	195	
和歌山	190	
静岡	131	
熊本	100	
長崎	85	
その他	446	
合計	1147	100

みかんの生産量の割合（合計 1147 百万 kg）

0　10　20　30　40　50　60　70　80　90　100 (%)

答えは 71 ページ

月　　日

14　四角形や三角形の面積
(四角形や三角形の面積 ①)

／100点

1 下の平行四辺形の面積を求めます。　1つ9〔36点〕

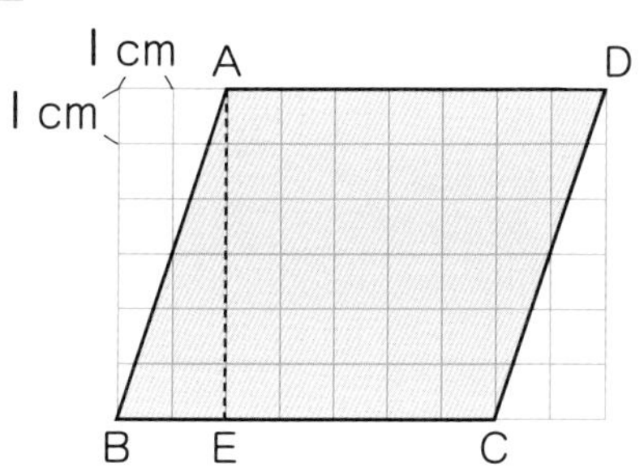

❶ 底辺BCの長さは何cmでしょうか。（　　　）

❷ 高さAEの長さは何cmでしょうか。（　　　）

❸ 平行四辺形の面積を計算で求めましょう。

【式】

答え（　　　）

2 次のような平行四辺形の面積を求めましょう。　1つ8〔64点〕

❶

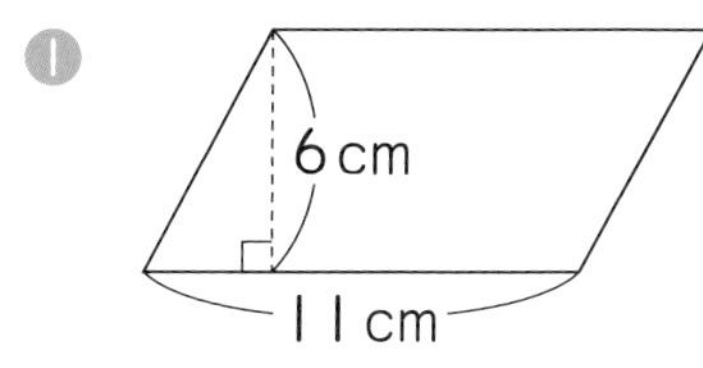

【式】

答え（　　　）

❷

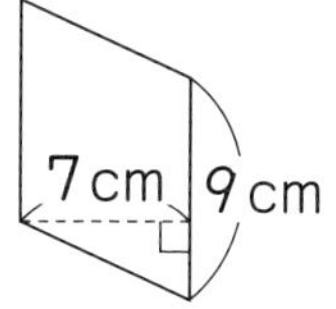

【式】

答え（　　　）

❸

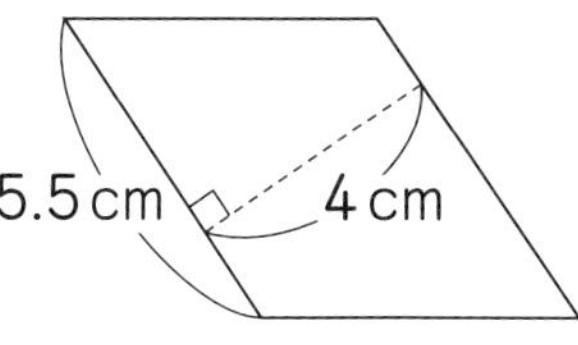

【式】

答え（　　　）

❹

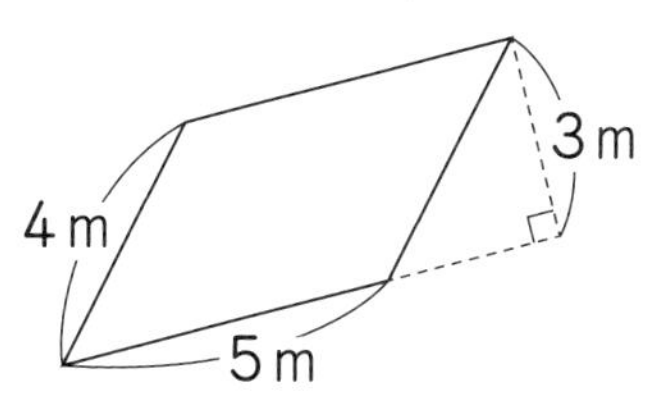

【式】

答え（　　　）

答えは
71ページ

月　　日

14　四角形や三角形の面積
(四角形や三角形の面積 ①)

／100点

1 下の図で、㋐の平行四辺形と面積が等しい長方形を、㋑、㋒、㋓から選びましょう。〔20点〕

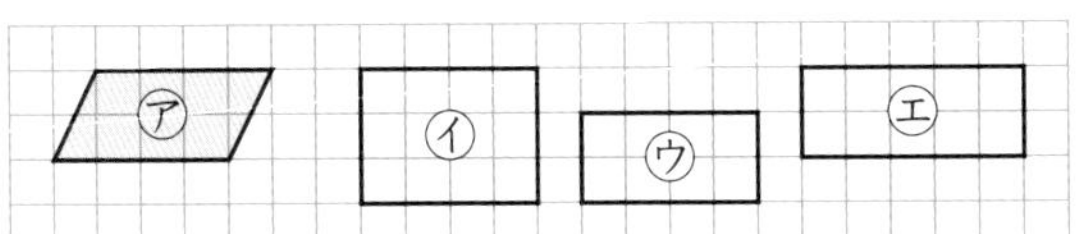

(　　　)

2 次のような平行四辺形の面積を求めましょう。1つ10〔60点〕

❶

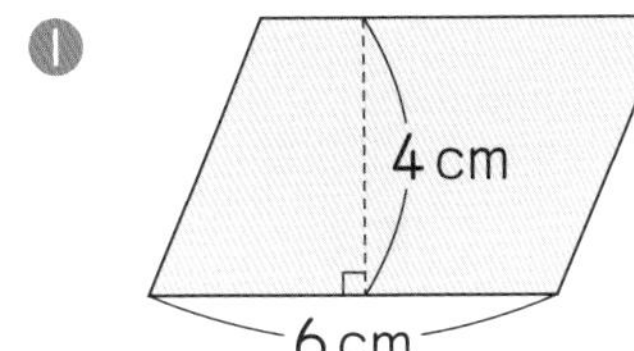

【式】

答え(　　　)

❷

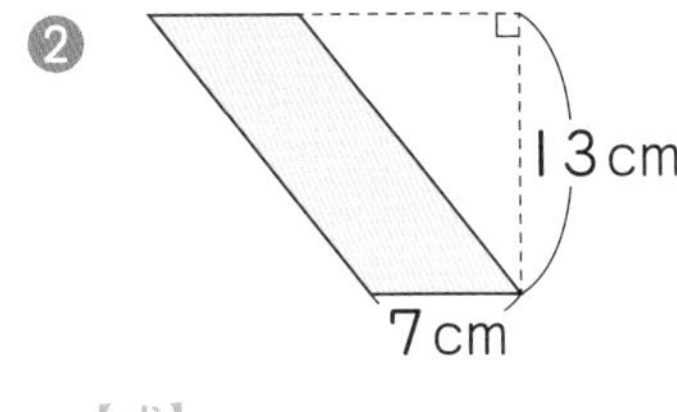

【式】

答え(　　　)

❸

3.5m

5m

【式】

答え(　　　)

3 右のような、高さが 8cm で、面積が $72\ cm^2$ の平行四辺形があります。底辺 BC の長さは何cm でしょうか。1つ10〔20点〕

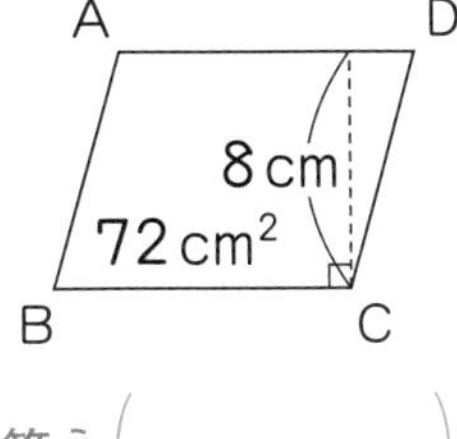

【式】

答え(　　　)

答えは 71ページ

月　日

14　四角形や三角形の面積

(四角形や三角形の面積 ②)

／100点

1 下の三角形の面積を求めます。　1つ9〔36点〕

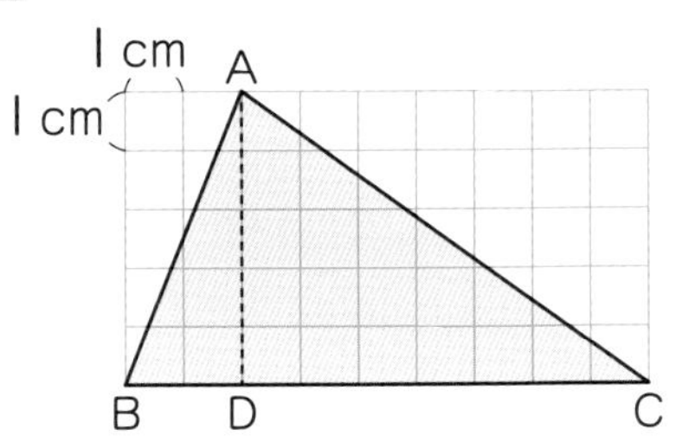

❶ 底辺 BC の長さは何cm でしょうか。（　　）

❷ 高さ AD の長さは何cm でしょうか。（　　）

❸ 三角形の面積を計算で求めましょう。

【式】

答え（　　）

2 次のような三角形の面積を求めましょう。　1つ8〔64点〕

❶

6cm
9cm

【式】

答え（　　）

❷

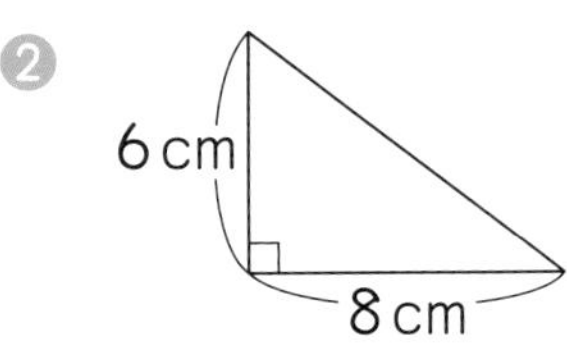

【式】

答え（　　）

❸

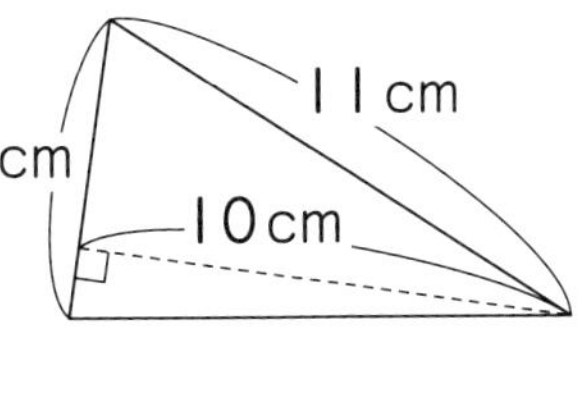

【式】

答え（　　）

❹

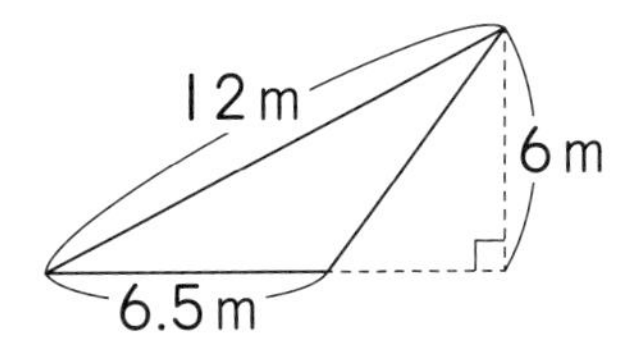

【式】

答え（　　）

答えは 71ページ

14　四角形や三角形の面積

(四角形や三角形の面積 ②)

／100点

1 次のような三角形の面積を求めましょう。　1つ10〔20点〕

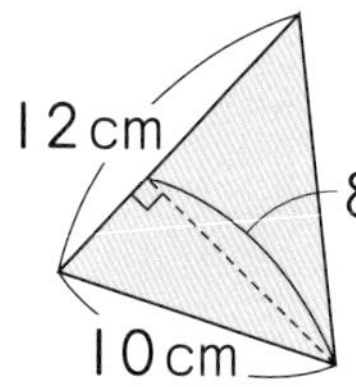

【式】

答え（　　　　）

2 右のような図形の、色がついた部分の面積を求めましょう。　1つ10〔20点〕

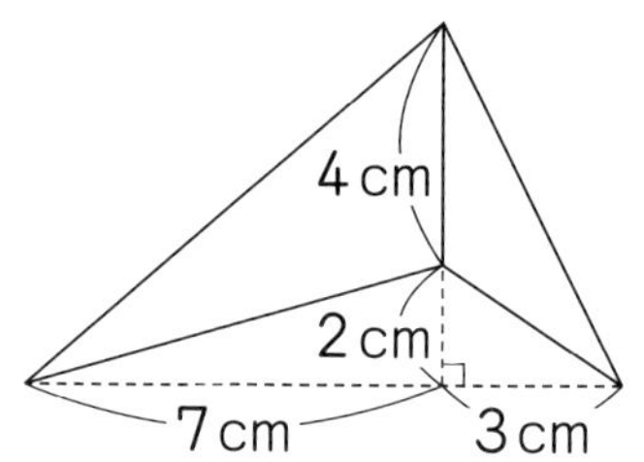

【式】

答え（　　　　）

3 底辺が6cmの三角形の高さを1cm、2cm、……と変えると、面積はどのように変わるか調べます。　1つ10〔60点〕

❶ 面積を求めて、下の表に書きましょう。

高さ(cm)	1	2	3	4	
面積(cm^2)					

❷ 高さを○cm、面積を△cm^2として、○と△の関係を式に表しましょう。

（　　　　）

❸ 高さが10cmのとき、面積は何cm^2になるでしょうか。

（　　　　）

答えは 71ページ

14　四角形や三角形の面積
(四角形や三角形の面積 ③)

／100点

1 次のような台形とひし形の面積を求めましょう。　1つ10〔20点〕

❶
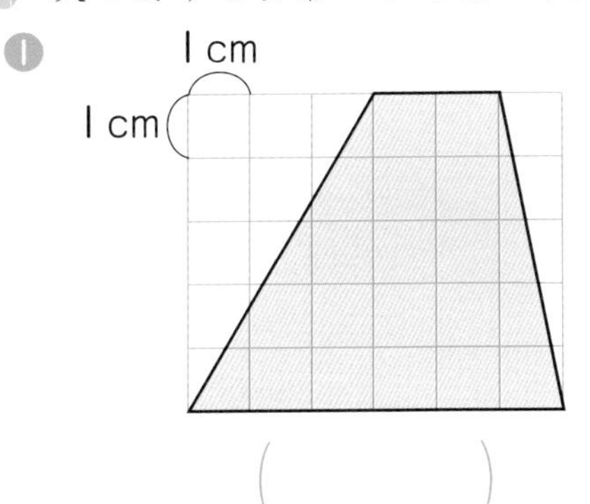

(　　　　)

❷
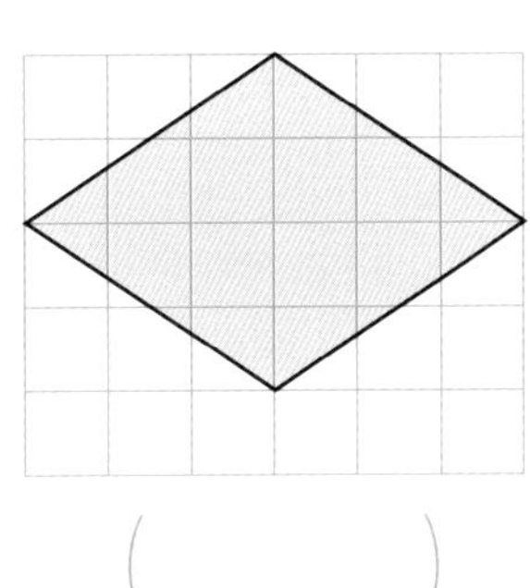

(　　　　)

2 次のような四角形の面積を求めましょう。　1つ10〔80点〕

❶ 台形
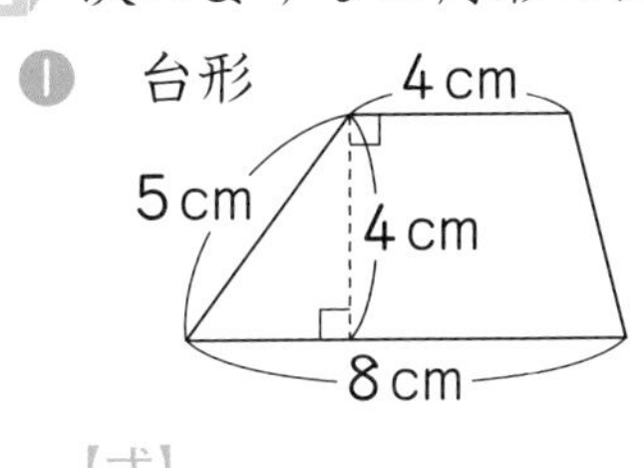

【式】

答え(　　　　)

❷ 台形
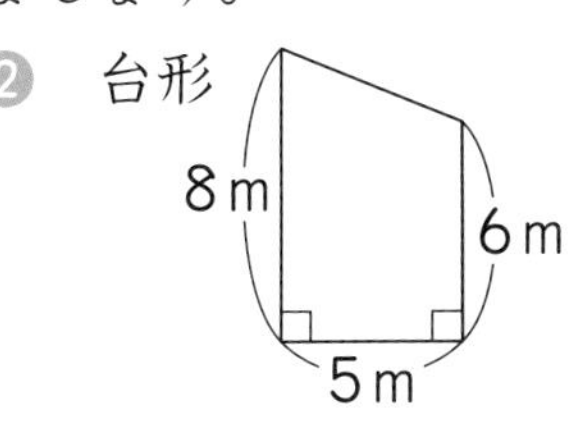

【式】

答え(　　　　)

❸ ひし形
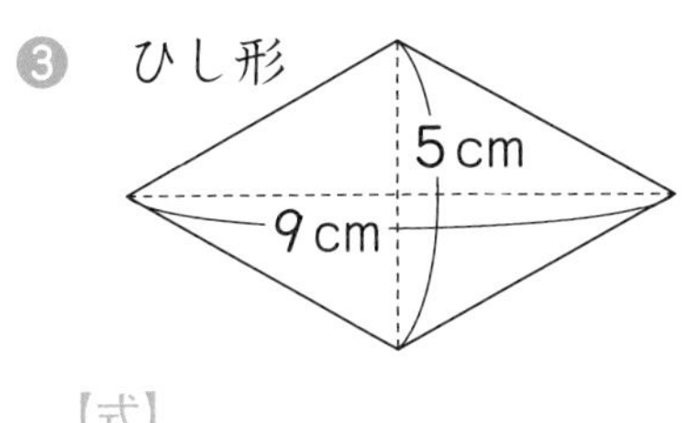

【式】

答え(　　　　)

❹
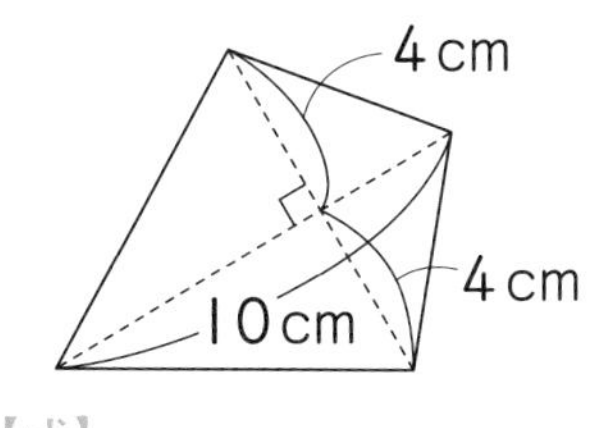

【式】

答え(　　　　)

答えは 71 ページ

14　四角形や三角形の面積

(四角形や三角形の面積 ③)

／100点

1 次のような四角形の面積を求めましょう。　1つ10〔60点〕

❶

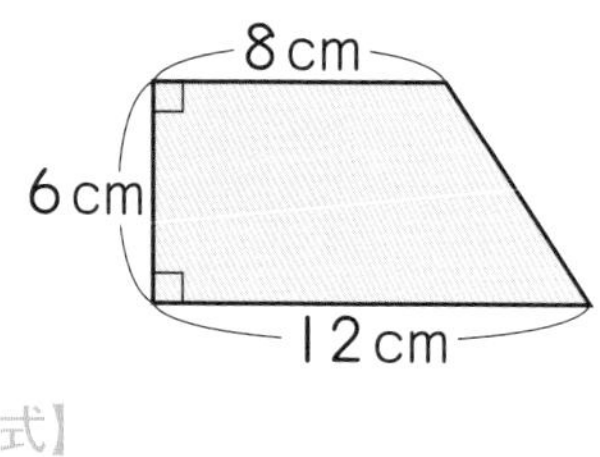

【式】

答え（　　　　）

❷

8m
4m
5m
3m

【式】

答え（　　　　）

❸ ひし形

4cm
4cm

【式】

答え（　　　　）

2 右のような図形の、色がついた部分の面積を求めましょう。　1つ10〔20点〕

10cm
5cm
7cm
6cm

【式】

答え（　　　　）

3 右のような形をした池があります。この池のおよその面積を、方眼(ほうがん)を使って求めましょう。一部が形にかかっている方眼は、その面積を半分と考えることにします。

【式】　1つ10〔20点〕

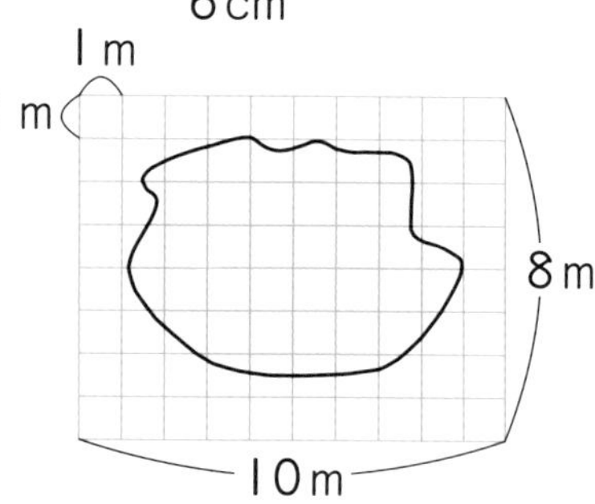

答え（　　　　）

答えは 71ページ

15　正多角形と円
(正多角形と円 ①)

／100点

1 右の図は、円を使って正多角形をかいたものです。　1つ20〔60点〕

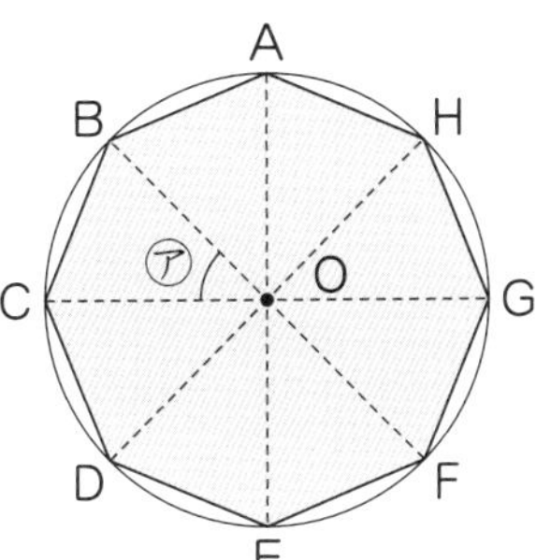

❶ 何という正多角形でしょうか。

(　　　　)

❷ ㋐の角度は何度でしょうか。

(　　　　)

❸ 三角形OABは何という三角形でしょうか。

(　　　　)

2 円の中心の周りの角を等分する方法で、正五角形をかきました。このとき、㋑の角度は何度でしょうか。　〔20点〕

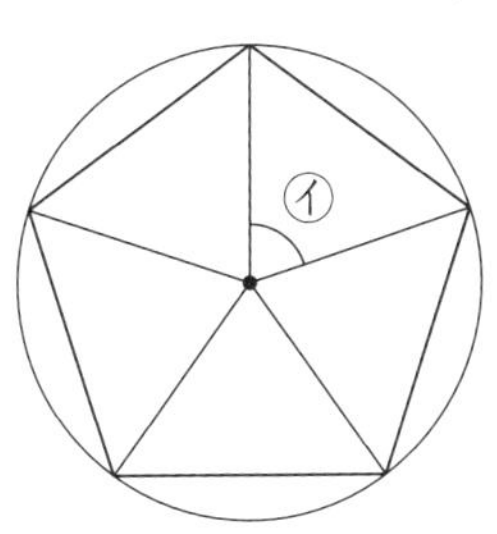

(　　　　)

3 次の㋐から㋕の図形の中から、正多角形を 2 つ選びましょう。

1つ10〔20点〕

㋐ 長方形

㋑ 直角三角形

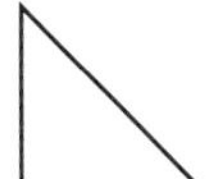

㋒ 正方形

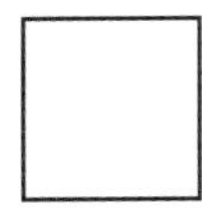

㋓ ひし形

㋔ 正三角形

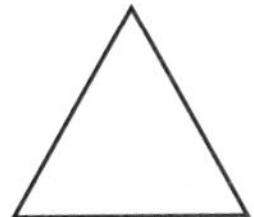

㋕ 平行四辺形

(　　　　)
(　　　　)

答えは 71ページ

月　　日

15　正多角形と円

(正多角形と円 ①)

／100点

1 右の正六角形について答えましょう。 1つ11〔55点〕

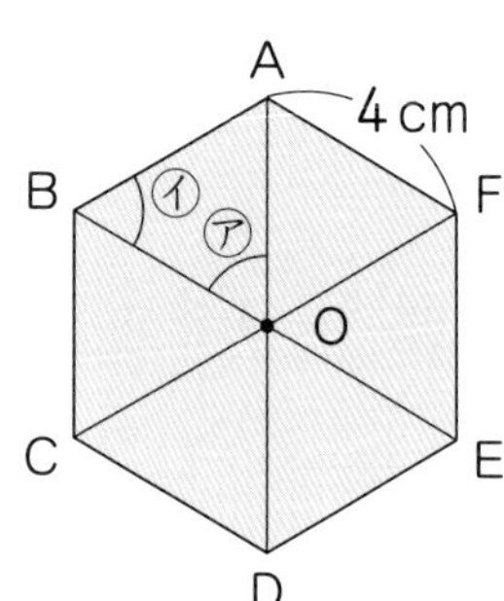

❶ 辺 AB と直線 OF の長さは、それぞれ何cm でしょうか。

辺 AB (　　　)

直線 OF (　　　)

❷ ㋐の角度は何度でしょうか。

(　　　)

❸ ㋑の角度は何度でしょうか。 (　　　)

❹ 三角形 OAB は何という三角形でしょうか。

(　　　)

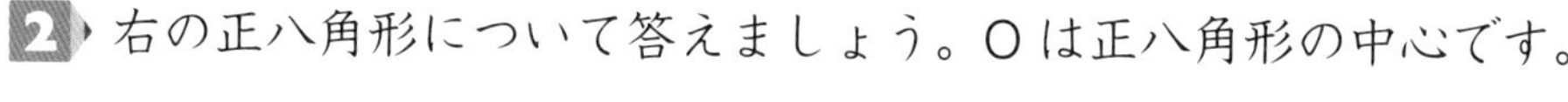

2 右の正八角形について答えましょう。O は正八角形の中心です。

1つ15〔45点〕

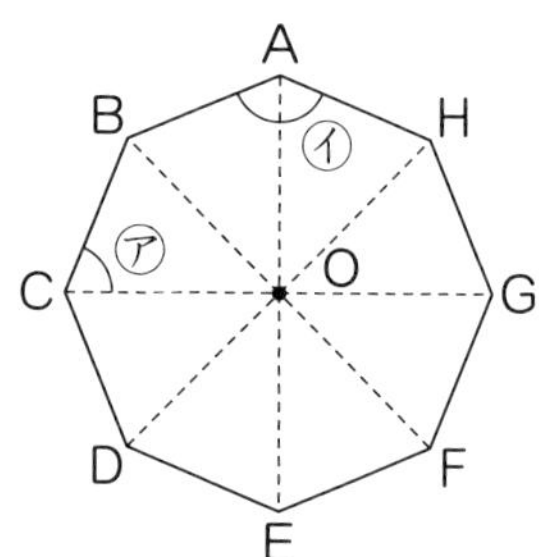

❶ 直線OA の長さが 7cm のとき、直線OB の長さは何cm でしょうか。

(　　　)

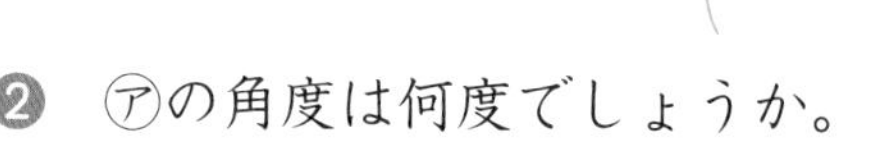

❷ ㋐の角度は何度でしょうか。

(　　　)

❸ ㋑の角度は何度でしょうか。

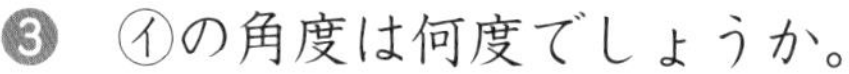

(　　　)

答えは
71ページ

15　正多角形と円
(正多角形と円 ②)

／100点

1 次の円の円周の長さを求めましょう。　1つ10〔60点〕

❶ 直径が 10cm の円

【式】

答え（　　　）

❷ 半径が 4cm の円

【式】

答え（　　　）

❸ 直径が 12m の円

【式】

答え（　　　）

2 直径 3cm の円の直径の長さを大きくしていきます。　1つ10〔20点〕

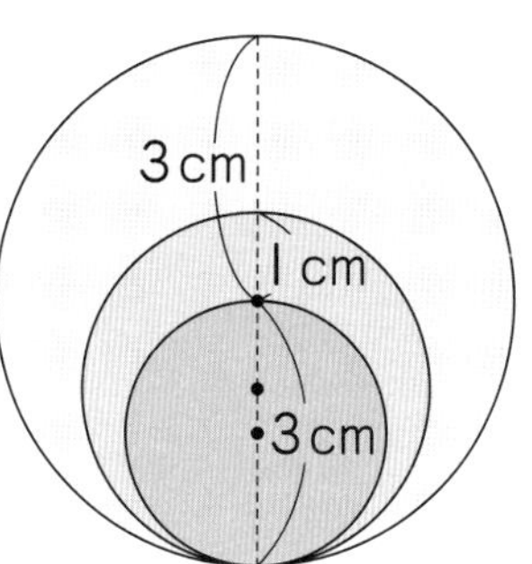

❶ 直径が 1cm 増(ふ)えると、円周は何cm増えるでしょうか。

（　　　）

❷ 直径の長さが 2 倍になると、円周は何倍になるでしょうか。

（　　　）

3 円周が 47.1cm の円の直径は何cmでしょうか。　1つ10〔20点〕

【式】

答え（　　　）

答えは
72ページ

月　日

15　正多角形と円
(正多角形と円 ②)

／100点

1 次の円の円周の長さを求めましょう。　1つ5〔20点〕

❶ 直径が 5 cm の円

【式】

答え(　　　　)

❷ 半径が 4.5 cm の円

【式】

答え(　　　　)

2 次のような図形の周りの長さを求めましょう。　1つ10〔40点〕

❶

2 cm

【式】

答え(　　　　)

❷

8 m

【式】

答え(　　　　)

3 円周が 26 m の円をかきます。直径は約何 m にすればよいでしょうか。四捨五入(ししゃごにゅう)して、$\frac{1}{10}$ の位までのがい数で求めましょう。

【式】　1つ10〔20点〕

答え(　　　　)

4 右のような図形の、色がついた部分の周りの長さを求めましょう。　1つ10〔20点〕

10 cm

6 cm

【式】

答え(　　　　)

答えは
72ページ

16　角柱と円柱

(角柱と円柱 ①)

／100点

1 下の図のような立体について調べます。　1つ10〔100点〕

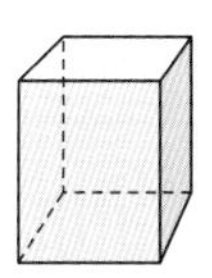

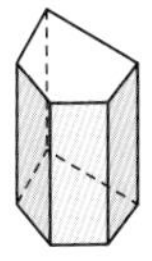

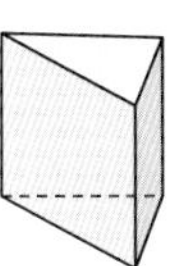

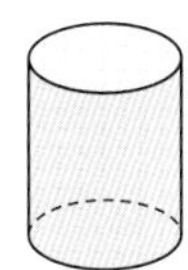

❶ 側面が曲面であるものはどれでしょうか。記号で答えましょう。

（　　　　）

❷ ㋐の立体の側面は、どんな図形でしょうか。

（　　　　）

❸ ㋑の立体の底面と側面は、それぞれどんな図形でしょうか。

底面（　　　　）　側面（　　　　）

❹ ㋒の立体の底面と側面は、それぞれどんな図形でしょうか。

底面（　　　　）　側面（　　　　）

❺ ㋓の立体の底面は、どんな図形でしょうか。また、それはいくつあるでしょうか。

図形（　　　　）　数（　　　　）

❻ 角柱はどれでしょうか。記号で答えましょう。

（　　　　）

❼ 円柱はどれでしょうか。記号で答えましょう。

（　　　　）

答えは
72ページ

月　日

16　角柱と円柱

(角柱と円柱 ①)

／100点

1 次の立体の名前を書きましょう。　1つ10〔30点〕

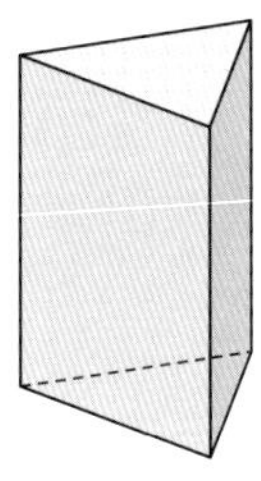

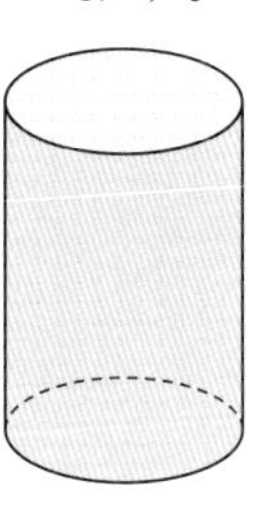

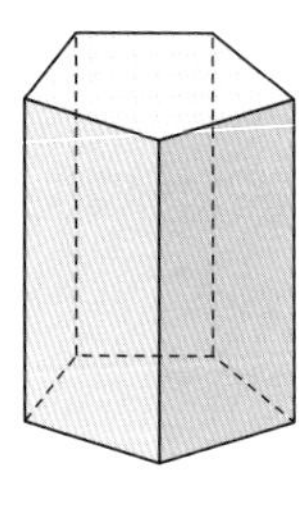

①(　　　)　②(　　　)　③(　　　)

2 下の立体の㋐から㋒の各部分の名前を書きましょう。　1つ10〔30点〕

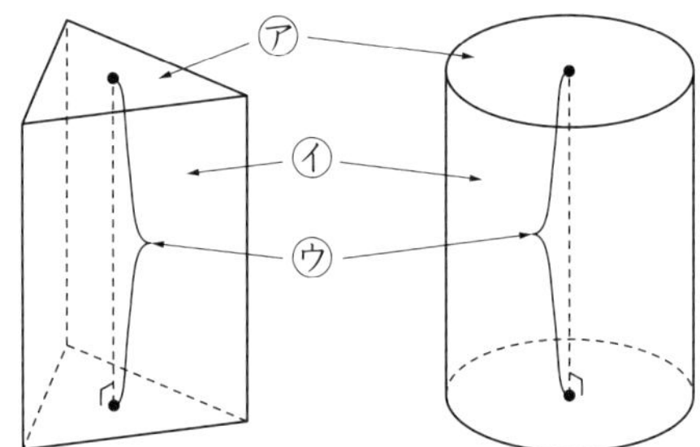

ア(　　　)

イ(　　　)

ウ(　　　)

3 下の表の㋐から㋗にあてはまる言葉や数を書きましょう。　1つ5〔40点〕

	底面の形	頂点(ちょうてん)の数	辺の数	面の数
三角柱	㋐	㋑	㋒	㋓
六角柱	㋔	㋕	㋖	㋗

答えは 72ページ

月　　日

16　角柱と円柱
(角柱と円柱 ②)

／100点

1 下のような三角柱の展開図(てんかいず)をかきます。　1つ18〔36点〕

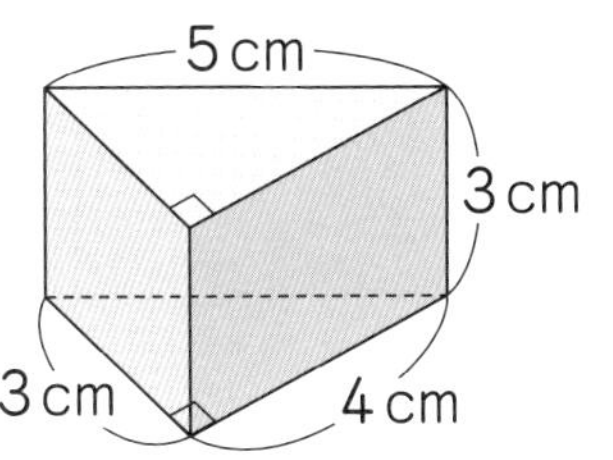

❶ 側面全体は、たて3cm、横何cmの長方形になるでしょうか。

(　　　)

❷ この三角柱の展開図をかきましょう。

2 右のような角柱の展開図を組み立てます。　1つ16〔64点〕

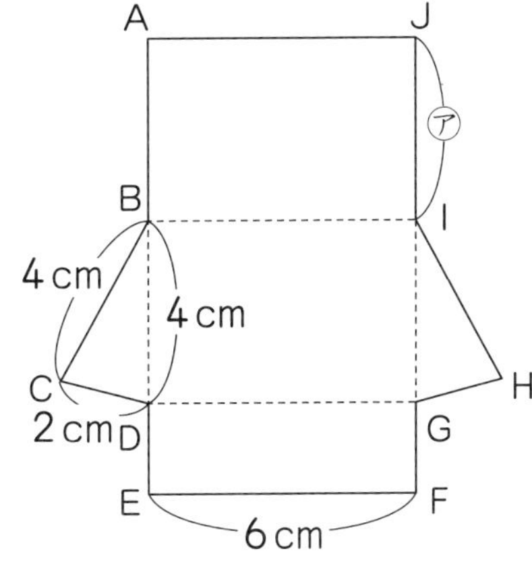

❶ この角柱は何という角柱でしょうか。

(　　　)

❷ この角柱の高さは何cmでしょうか。

(　　　)

❸ ㋐の長さは何cmでしょうか。

(　　　)

❹ 点Cに集まる点はどれとどれでしょうか。

(　　　、　　　)

答えは 72ページ

月　　日

16　角柱と円柱
(角柱と円柱 ②)

／100点

1 下のような円柱の展開図(てんかいず)をかきます。　1つ25〔50点〕

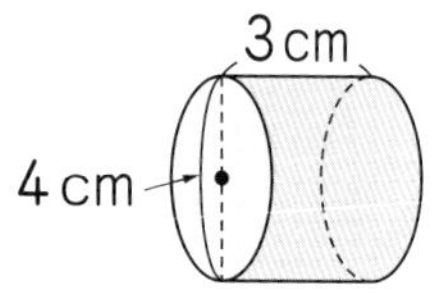

❶ 側面全体は、横3cm、たて何cmの長方形になるでしょうか。

(　　　　)

❷ この円柱の展開図をかきましょう。

1cm
1cm

2 右のような展開図を組み立てます。　1つ25〔50点〕

❶ どんな立体ができるでしょうか。

(　　　　)

❷ 辺BCの長さは何cmでしょうか。

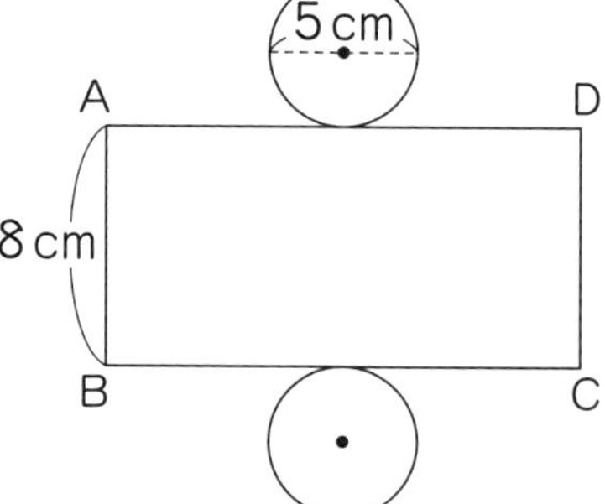

(　　　　)

答えは
72ページ

5 年のまとめ
(力だめし ①)

／100点

1 次の数を書きましょう。 1つ8〔16点〕

❶ 0.853 を 10 倍した数　（　　）

❷ 605 を $\frac{1}{100}$ にした数　（　　）

2 (　)の中の数の最小公倍数を求めましょう。 1つ8〔16点〕

❶ (6、8)　（　　）

❷ (4、15)　（　　）

3 (　)の中の数の公約数をすべて書きましょう。 1つ8〔16点〕

❶ (18、24)　（　　）

❷ (28、42)　（　　）

4 計算をしましょう。 1つ8〔32点〕

❶ 0.5×1.8

❷ $5.07 \div 1.3$

❸ $\frac{5}{8}+\frac{1}{12}$

❹ $1\frac{1}{4}-\frac{5}{18}$

5 右のような直方体の体積を求めましょう。

【式】 1つ10〔20点〕

答え（　　）

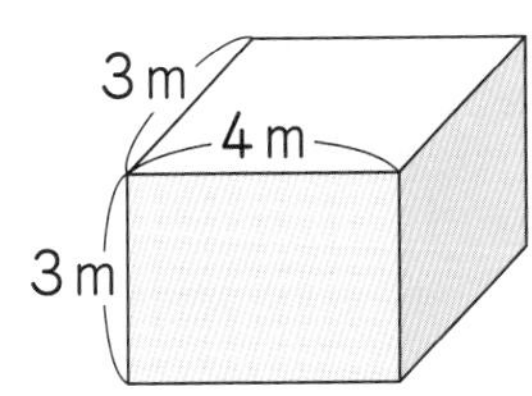

答えは
72ページ

かくにん 32

5年のまとめ (力だめし ②)

／100点

1 次のような図形の面積を求めましょう。　1つ9〔36点〕

❶ 平行四辺形

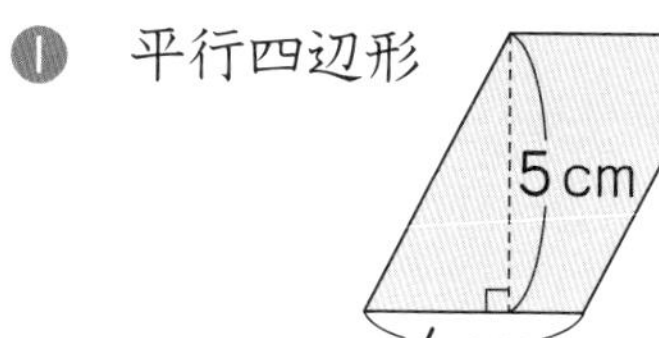

❷

【式】

答え（　　　）

【式】

答え（　　　）

2 半径 3.5cm の円の円周の長さを求めましょう。　1つ8〔16点〕

【式】

答え（　　　）

3 20km の道のりを 15 分間で走る自動車の時速は何km でしょうか。　1つ9〔18点〕

【式】

答え（　　　）

4 下の帯グラフは、図書室の本の種類別の割合(わりあい)を表したものです。

図書室の本の種類別の割合　1つ10〔30点〕

文学	自然科学	社会科学	その他

0　10　20　30　40　50　60　70　80　90　100 (%)

❶ 文学の本の数の割合は、全体の何％でしょうか。（　　　）

❷ 図書室の本は、全部で 3800 さつです。自然科学、社会科学の本は、それぞれ何さつあるでしょうか。

自然科学（　　　）　社会科学（　　　）

答えは 72ページ

1 3・4ページ

1 2、5、0、8

2 いちばん大きい数…87.532
いちばん小さい数…23.578

3 ❶ 287 ❷ 2870 ❸ 28700
❹ 2.87 ❺ 0.287 ❻ 0.0287

4 ❶ 10倍 ❷ $\frac{1}{10}$ ❸ $\frac{1}{100}$
❹ 100倍

★ ★ ★

1 ❶ 0、8、7、4
❷ 10、1、0.1、0.01、0.001

2 いちばん大きい数…864.2
いちばん小さい数…2.468

3 ❶ 52.4 ❷ 58 ❸ 3.2
❹ 0.456 ❺ 1570 ❻ 0.8562

2 5・6ページ

1 ❶ 8cm^3 ❷ 24cm^3 ❸ 32cm^3

2 ❶ 1cm^3 ❷ 1cm^3

3 ❶ 2×2×2＝8 8cm^3
❷ 3×5×2＝30 30cm^3

★ ★ ★

1 ❶ 10×7×5＝350 350cm^3
❷ 6×5×4＝120 120cm^3
❸ 9×9×9＝729 729cm^3
❹ 5×8×6＝240 240cm^3

2 6×6×6＝216
216÷(3×9)＝8 8cm

3 7・8ページ

1 ❶ 5×5×5＝125 125m^3
❷ 8×6×4＝192 192m^3

2 7×4×5＝140 140cm^3

3 ❶ 4000 ❷ 6
❸ 2000 ❹ 350

4 4×10×4＋4×6×2＝208
208cm^3

★ ★ ★

1 (22－1×2)×(22－1×2)
×(21－1)＝8000
8000cm^3、8L

2 ❶ 2000000 ❷ 4

3 ❶ 4×6×4－2×2×4
＝80 80cm^3
❷ 9×8×6－(9−3−3)×5×6
＝342 342cm^3

4 9・10ページ

1 ❶㋐ 24 ㋑ 36 ㋒ 48
❷ いえる。 ❸ 12×○＝△

2 ❶ × ❷ ○

★ ★ ★

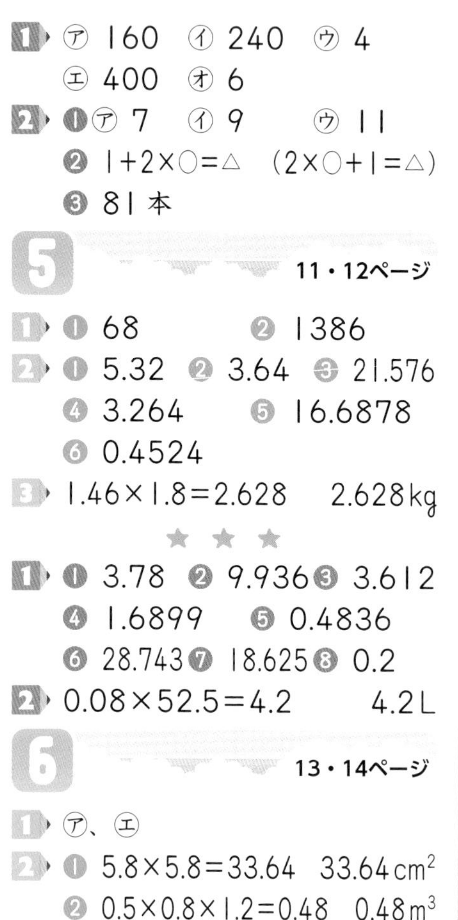

1 ㋐ 160　㋑ 240　㋒ 4
㋓ 400　㋔ 6

2 ❶㋐ 7　㋑ 9　㋒ 11
❷ 1+2×○=△　(2×○+1=△)
❸ 81 本

5

11・12ページ

1 ❶ 68　❷ 1386

2 ❶ 5.32　❷ 3.64　❸ 21.576
❹ 3.264　❺ 16.6878
❻ 0.4524

3 1.46×1.8=2.628　2.628kg

★ ★ ★

1 ❶ 3.78　❷ 9.936　❸ 3.612
❹ 1.6899　❺ 0.4836
❻ 28.743　❼ 18.625　❽ 0.2

2 0.08×52.5=4.2　4.2L

6

13・14ページ

1 ㋐、㋓

2 ❶ 5.8×5.8=33.64　33.64 cm^2
❷ 0.5×0.8×1.2=0.48　0.48 m^3

3 ❶ 0.1、0.7
❷ 1.2、0.8、2、12.4
❸ 1、0.1、8.2、0.82、9.02
❹ 1、0.1、5.3、0.53、4.77

★ ★ ★

1 ❶ ＞　❷ ＜

2 ❶ 0.9×0.9=0.81　0.81 m^2
❷ 4.6×8.5=39.1　39.1 cm^2
❸ 1.4×0.8×0.2=0.224
0.224 m^3

3 ❶ 3.7　❷ 14.4
❸ 54.54　❹ 51.3

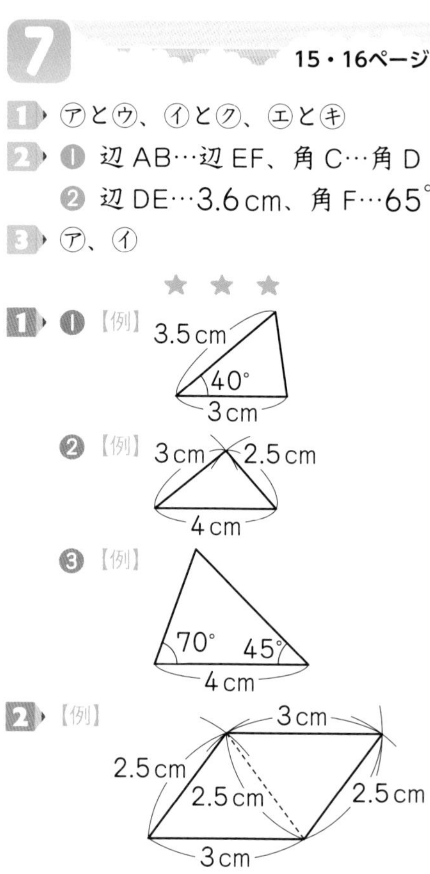

7

15・16ページ

1 ㋐と㋒、㋑と㋗、㋓と㋖

2 ❶ 辺 AB…辺 EF、角 C…角 D
❷ 辺 DE…3.6 cm、角 F…65°

3 ㋐、㋑

★ ★ ★

1 ❶【例】

❷【例】

❸【例】

2【例】

8

17・18ページ

1 ❶ 180
❷ 五角形、六角形、多角形

2 ❶ 45°　❷ 80°　❸ 100°

3 ❶ 75°　❷ 35°　❸ 125°

★ ★ ★

1 ㋐ 360°　㋑ 540°　㋒ 4　㋓ 720°

2 ❶ 60°　❷ 45°　❸ 120°

3 ❶ 40°　❷ 105°　❸ 75°

9 19・20ページ

1 550÷2.5＝220　220g

2 ❶ 1.4　❷ 2.5　❸ 0.05
❹ 2.3　❺ 7.5　❻ 5.6

★★★

1 ❶ 78.5　❷ 0.85　❸ 0.05
❹ 2.45　❺ 0.48　❻ 9.6

2 41.6÷6.4＝6.5　6.5kg

10 21・22ページ

1 ㋑、㋔

2 ❶ 0.92　❷ 1.5　❸ 0.54

3 5.2÷0.3＝17あまり0.1
17本、0.1m

4 7.8÷5.2＝1.5　1.5倍

★★★

1 ❶ <　❷ >

2 6÷1.8＝3.33…　約3.3m

3 2.55÷0.7＝3あまり0.45
3個、0.45L

4 8.8÷1.6＝5.5　5.5m

11 23・24ページ

1 偶数…0、2、34、308、1896
奇数…5、27、61、89、543

2 ❶ 6、12、18　❷ 9、18、27

3 ❶ 公倍数…20、40、60
最小公倍数…20
❷ 公倍数…8、16、24
最小公倍数…8
❸ 公倍数…18、36、54
最小公倍数…18

4 45cm

★★★

1 ❶ 5　❷ 19　❸ 2×25
❹ 2×43＋1

2 ❶ 公倍数…24、48、72
最小公倍数…24
❷ 公倍数…60、120、180
最小公倍数…60

3 ❶ 15個　❷ 12個　❸ 2個

4 午前6時24分

12 25・26ページ

1 ❶ 1、2、5、10
❷ 1、2、4、8、16、32

2 ❶ 公約数…1、2、4、8
最大公約数…8
❷ 公約数…1、3、9
最大公約数…9
❸ 公約数…1、5
最大公約数…5
❹ 公約数…1、2、4、8
最大公約数…8
❺ 公約数…1、7
最大公約数…7

3 4cm

★★★

1 ❶ 公約数…1、2、4、8
最大公約数…8
❷ 公約数…1、2、7、14
最大公約数…14
❸ 公約数…1、2、3、6、9、18
最大公約数…18

❹ 公約数…1、2、3、4、6、12
最大公約数…12
❺ 公約数…1、3、9
最大公約数…9

2 8人

3 えん筆…3本、ペン…4本

13 27・28ページ

1 4、18

2 $\frac{14}{21}$

3 ❶ $\frac{1}{4}$ ❷ $\frac{2}{5}$ ❸ $\frac{1}{2}$ ❹ $2\frac{3}{4}$

4 $\frac{2}{5}$

5 ❶ $\frac{3}{15}$、$\frac{10}{15}$ ❷ $1\frac{8}{36}$、$1\frac{15}{36}$
❸ $\frac{4}{12}$、$\frac{3}{12}$、$\frac{2}{12}$ ❹ $\frac{18}{24}$、$\frac{4}{24}$、$\frac{15}{24}$

★ ★ ★

1 ㋒、㋓、㋔

2 ❶ $\frac{2}{3}$ ❷ $\frac{7}{4}$ ❸ $\frac{9}{2}$ ❹ $1\frac{7}{12}$

3 ❶ ＜ ❷ ＞

4 ❶ $\frac{3}{6}$、$\frac{1}{6}$ ❷ $1\frac{16}{60}$、$2\frac{21}{60}$
❸ $\frac{9}{18}$、$\frac{12}{18}$、$\frac{10}{18}$ ❹ $\frac{16}{24}$、$\frac{21}{24}$、$\frac{10}{24}$

14 29・30ページ

1 ❶ 5、14、7 ❷ 14、9、3

2 ❶ $\frac{7}{10}$ ❷ $\frac{16}{15}\left(1\frac{1}{15}\right)$ ❸ $\frac{23}{15}\left(1\frac{8}{15}\right)$
❹ $2\frac{2}{9}\left(\frac{20}{9}\right)$ ❺ $\frac{3}{10}$ ❻ $\frac{19}{63}$ ❼ $\frac{2}{5}$
❽ $1\frac{2}{15}\left(\frac{17}{15}\right)$ ❾ $\frac{13}{8}\left(1\frac{5}{8}\right)$ ❿ $\frac{7}{18}$

★ ★ ★

1 ❶ $\frac{31}{18}\left(1\frac{13}{18}\right)$ ❷ $\frac{5}{4}\left(1\frac{1}{4}\right)$
❸ $2\frac{9}{20}\left(\frac{49}{20}\right)$ ❹ $3\frac{2}{15}\left(\frac{47}{15}\right)$
❺ $\frac{5}{8}$ ❻ $\frac{1}{6}$ ❼ $1\frac{1}{12}\left(\frac{13}{12}\right)$
❽ $1\frac{13}{42}\left(\frac{55}{42}\right)$ ❾ $\frac{23}{24}$ ❿ $\frac{47}{56}$

2 ❶ $\frac{3}{7}+\frac{5}{6}=\frac{53}{42}\left(1\frac{11}{42}\right)$
$\frac{53}{42}$km$\left(1\frac{11}{42}\text{km}\right)$
❷ $\frac{5}{6}-\frac{3}{7}=\frac{17}{42}$ かずさん、$\frac{17}{42}$km

15 31・32ページ

1 ❶ 19L ❷ 33人 ❸ 55g

2 (0+55+45+15+40+30+60)÷7
=35 35分

3 19.2÷30=0.64 0.64m

4 20×20=400 400ページ

★ ★ ★

1 ❶ 25g ❷ 3.25m

2 ❶ (240+275+260+280+270)
÷5=265 265g
❷ 265×30=7950 7950g

3 72個

16 33・34ページ

1 ❶ 南公園…48÷300=0.16
0.16人

北公園…60÷480＝0.125
0.125人

❷ 南公園…300÷48＝6.25
$6.25m^2$

北公園…480÷60＝8　$8m^2$

❸ 南公園　❹ 40人

2▶ A…800÷10＝80
B…510÷6＝85　ジュースA

★★★

1▶ A県…7254704÷5164
＝1404.8…　約1405人
B県…3792377÷7780
＝487.4…　約487人

2▶ ❶ A車…126÷6＝21
B車…141÷7.5＝18.8
A車

❷ 21×20＝420　420km

3▶ 8.4÷2.4＝3.5　3.5dL

17　35・36ページ

1▶ さとし、こうたの順に、
❶ 60÷10＝6　6m
80÷16＝5　5m
❷ 10÷60＝0.166…　約0.17秒
16÷80＝0.2　0.2秒
❸ さとしさん

2▶ 144÷3＝48　時速48km

3▶ 1000÷20＝50　分速50m

★★★

1▶ ❶ みき、りさの順に、
2600÷10＝260　260m
1500÷6＝250　250m
❷ みきさん

2▶ ❶ 54000÷45＝1200　分速1200m
❷ 1.2×60＝72　時速72km
❸ 1200÷60＝20　秒速20m

3▶ 15000÷50＝300
25000÷80＝312.5
マラソン選手B

18　37・38ページ

1▶ 500×20＝10000　10km

2▶ 10×20＝200　200m

3▶ 1500÷60＝25　25分

4▶ 300÷2＝150　2分30秒

5▶ 2000÷250＝8　8分

★★★

1▶ 18÷60＝0.3
0.3×10＝3　3km

2▶ 72÷60＝1.2
1.2×25＝30　30km

3▶ 12×(4×60)＝2880　2880m

4▶ 120÷48＝2.5　2時間30分

5▶ 7500÷600＝12.5
12分30秒

19　39・40ページ

1▶ ❶ $\frac{3}{4}$　❷ $\frac{5}{2}\left(2\frac{1}{2}\right)$

2▶ ❶ $\frac{2}{5}$　❷ $\frac{1}{3}$　❸ $\frac{8}{5}\left(1\frac{3}{5}\right)$
❹ $\frac{3}{2}\left(1\frac{1}{2}\right)$

3▶ ❶ 4÷3　❷ 5÷7

4▶ ❶ 0.6 ❷ 1.5 ❸ 0.44 ❹ 1.3

5▶ ❶ $\frac{1}{4}$L、0.25L ❷ $\frac{5}{8}$kg、0.625kg

★★★

1 ❶ $\frac{7}{5}\left(1\frac{2}{5}\right)$　❷ $\frac{8}{13}$

2 ❶ $\frac{3}{4}$　❷ $\frac{1}{2}$　❸ $\frac{11}{9}\left(1\frac{2}{9}\right)$

❹ $\frac{13}{11}\left(1\frac{2}{11}\right)$　❺ $\frac{4}{3}\left(1\frac{1}{3}\right)$

❻ $\frac{35}{17}\left(2\frac{1}{17}\right)$

3 ❶ 9÷13　❷ 16÷3

4 ❶ 0.875 ❷ 0.75 ❸ 1.6

❹ 0.88 ❺ 1.25 ❻ 3.8

20

41・42ページ

1 ❶ $\frac{9}{10}$　❷ $\frac{23}{10}\left(2\frac{3}{10}\right)$

❸ $\frac{107}{100}\left(1\frac{7}{100}\right)$　❹ $\frac{239}{1000}$

❺ $\frac{2}{1}$　❻ $\frac{11}{1}$

2 ❶ $2\div3=\frac{2}{3}$　$\frac{2}{3}$倍

❷ $8\div3=\frac{8}{3}$　$\frac{8}{3}$倍$\left(2\frac{2}{3}倍\right)$

3 ❶ $9\div7=\frac{9}{7}$　$\frac{9}{7}$倍$\left(1\frac{2}{7}倍\right)$

❷ $7\div9=\frac{7}{9}$　$\frac{7}{9}$倍

★★★

1 ❶ <　❷ =　❸ <　❹ >

2 ㋑、㋒、㋓、㋐

3 ❶ $\frac{7}{10}$(0.7)　❷ $\frac{3}{10}$(0.3)

4 ❶ $11\div5=\frac{11}{5}$　$\frac{11}{5}$倍$\left(2\frac{1}{5}倍\right)$

❷ $5\div11=\frac{5}{11}$　$\frac{5}{11}$倍

21

43・44ページ

1 ❶ 108÷135=0.8　0.8

❷ 102÷120=0.85　0.85

❸ ゆうきさん

2 ❶ 6%　❷ 50%

❸ 300%　❹ 117%

3 ❶ 0.1　❷ 0.4

❸ 0.255　❹ 1.32

★★★

1 ❶ 4%　❷ 32%　❸ 400%

❹ 0.3　❺ 1.28　❻ 0.125

2 ❶ 116÷145×100=80　80%

❷ 174÷145×100=120　120%

3 714÷680×100=105　105%

22

45・46ページ

1 ❶ 200　❷ 1200　❸ 1900

2 ❶ 基準量…バスの定員

比かく量…乗車人数

❷ 30×0.8=24　24人

3 4500×(1−0.2)=3600　3600円

★★★

1 ❶ 4080　❷ 45　❸ 160

2 120×(1−0.85)=18　18ページ

3 516÷0.48=1075　1075人

4 4160÷(1+0.3)=3200　3200kg

23

47・48ページ

1 ❶ 1.5倍$\left(\frac{3}{2}倍\right)$　❷ 35さつ

2 ❶ 10% ❷ 減った。

★ ★ ★

1

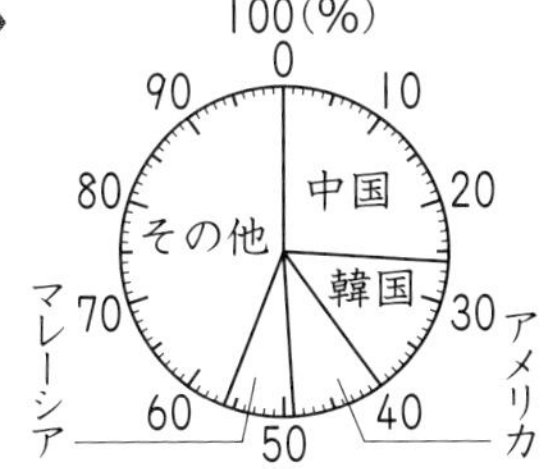

2 ❶ (上から、)17、17、11、9、7、39

❷

0 10 20 30 40 50 60 70 80 90 100%

愛媛	和歌山	静岡	熊本	長崎	その他

24

49・50ページ

1 ❶ 7cm ❷ 6cm

❸ $7\times6=42$ 42cm²

2 ❶ $11\times6=66$ 66cm²

❷ $9\times7=63$ 63cm²

❸ $5.5\times4=22$ 22cm²

❹ $5\times3=15$ 15m²

★ ★ ★

1 ㋒

2 ❶ $6\times4=24$ 24cm²

❷ $7\times13=91$ 91cm²

❸ $5\times3.5=17.5$ 17.5m²

3 $72\div8=9$ 9cm

25

51・52ページ

1 ❶ 9cm ❷ 5cm

❸ $9\times5\div2=22.5$ 22.5cm²

2 ❶ $9\times6\div2=27$ 27cm²

❷ $8\times6\div2=24$ 24cm²

❸ $6\times10\div2=30$ 30cm²

❹ $6.5\times6\div2=19.5$ 19.5m²

★ ★ ★

1 $12\times8.8\div2=52.8$ 52.8cm²

2 $4\times7\div2+4\times3\div2=20$ 20cm²

3 ❶ 3、6、9、12

❷ 6×○÷2=△ ❸ 30cm²

26

53・54ページ

1 ❶ 20cm² ❷ 12cm²

2 ❶ $(4+8)\times4\div2=24$ 24cm²

❷ $(6+8)\times5\div2=35$ 35m²

❸ $5\times9\div2=22.5$ 22.5cm²

❹ $10\times4\div2\times2=40$

40cm²

★ ★ ★

1 ❶ $(8+12)\times6\div2=60$ 60cm²

❷ $(8+3)\times4\div2=22$ 22m²

❸ $4\times(4\times2)\div2=16$ 16cm²

2 $6\times7\div2+5\times10\div2=46$ 46cm²

3 $20+24\div2=32$ 約32m²

27

55・56ページ

1 ❶ 正八角形 ❷ 45°

❸ 二等辺三角形

2 72°

3 ㋒、㋔

★ ★ ★

1 ❶ 辺AB…4cm、直線OF…4cm

❷ 60° ❸ 60° ❹ 正三角形

2 ❶ 7cm ❷ 67.5° ❸ 135°

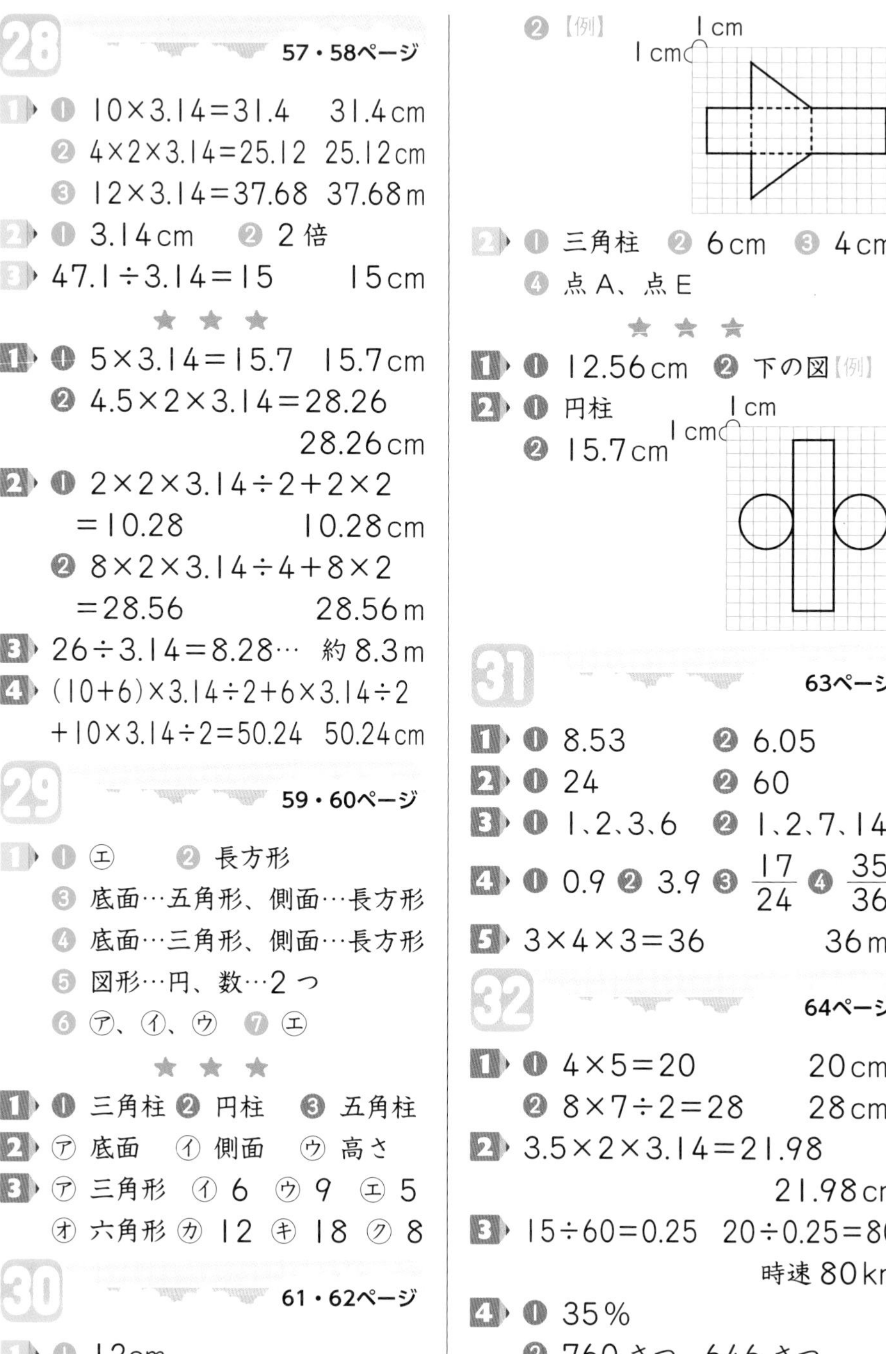

28 57・58ページ

1▶ ① 10×3.14=31.4　31.4cm
② 4×2×3.14=25.12　25.12cm
③ 12×3.14=37.68　37.68m

2▶ ① 3.14cm　② 2倍

3▶ 47.1÷3.14=15　15cm

★ ★ ★

1▶ ① 5×3.14=15.7　15.7cm
② 4.5×2×3.14=28.26
28.26cm

2▶ ① 2×2×3.14÷2+2×2
=10.28　10.28cm
② 8×2×3.14÷4+8×2
=28.56　28.56m

3▶ 26÷3.14=8.28…　約8.3m

4▶ (10+6)×3.14÷2+6×3.14÷2
+10×3.14÷2=50.24　50.24cm

29 59・60ページ

1▶ ① ㋓　② 長方形
③ 底面…五角形、側面…長方形
④ 底面…三角形、側面…長方形
⑤ 図形…円、数…2つ
⑥ ㋐、㋑、㋒　⑦ ㋓

★ ★ ★

1▶ ① 三角柱 ② 円柱　③ 五角柱

2▶ ㋐ 底面　㋑ 側面　㋒ 高さ

3▶ ㋐ 三角形　㋑ 6　㋒ 9　㋓ 5
㋔ 六角形 ㋕ 12　㋖ 18　㋗ 8

30 61・62ページ

1▶ ① 12cm
② 【例】

2▶ ① 三角柱　② 6cm　③ 4cm
④ 点A、点E

★ ★ ★

1▶ ① 12.56cm　② 下の図【例】

2▶ ① 円柱
② 15.7cm

31 63ページ

1▶ ① 8.53　② 6.05

2▶ ① 24　② 60

3▶ ① 1、2、3、6　② 1、2、7、14

4▶ ① 0.9 ② 3.9 ③ $\frac{17}{24}$ ④ $\frac{35}{36}$

5▶ 3×4×3=36　36m^3

32 64ページ

1▶ ① 4×5=20　20cm^2
② 8×7÷2=28　28cm^2

2▶ 3.5×2×3.14=21.98
21.98cm

3▶ 15÷60=0.25　20÷0.25=80
時速80km

4▶ ① 35%
② 760さつ、646さつ

3 2 1 0 9 8 7 6 5 4
* * D C B A